U0010302

花語圖鑑辭典

透過600多種花卉傳遞愛情、欲望和真摯的讚美與歉意

凱倫·阿祖萊（Karen Azoulay）　著

吳湘湄　譯

晨星出版

前言

　　一群對著最新男孩樂團瘋狂尖叫的青春期少女，乍看也許與維多利亞時期那些對著一本花語辭典嘰哩咕嚕傻笑的同年少女很不一樣。但是，跟那些將心力專注在男孩樂團或同人小說的少女相同的是，花語——依據特別的花語辭典所列定的意義而隱藏在花束裡的秘密訊息——也提供了十九世紀的年輕女郎們一個非常重要的情緒出口。當時的出版社極力在跟上時代腳步。翻閱插圖精美的書籍、想像可能的花朵排列等，不管獨自一人或與朋友一起，都是趣味十足的雅事。藉由這個社會認可的消遣，女孩們不但可以探索自身逐步變化的認同，也可探究自己年少的情緒與狂想所產生的各種疑惑。

　　花語在十九世紀的整個北美洲和歐洲如此風行，連不少傳奇作者的生命與作品裡也有它們的足跡。少女時期的瑪麗-安·伊文思與其女性朋友們為了給彼此取代號而參考了一本花語辭典。之後，她給她們寫信時，便俏皮地用「克蕾蒙媞絲」（Clematis，鐵線蓮，花語：智性美人）署名。多年後，考慮到讀者不會嚴肅對待一名女性作家的小說，瑪麗在出版《米德爾馬契》[1]時便使用了喬治·艾略特這個筆名。我們很難不好奇，她少女時期的遊戲是否至少在潛意識裡有助於啟發她這個決定。

　　說到潛意識，少年時期的西格蒙德·佛洛伊德和他的一個朋友在討論女孩（被稱為「原則」）和性渴望時，也創造了他們自己的花語。「只有在夏天，這些原則的愉悅才會開始綻放。我記得一個所謂的玫瑰花園，裡面開滿了大麗花。」他在1875年的一封信裡寫道。二十五年後，佛洛伊德在其著名的《夢的解析》這本書裡提及了花語。

　　奧斯卡·王爾德[2]總是在他西裝翻領的扣眼別著一朵綠色康乃馨；許多人的詮釋是，那是他同性戀性取向的象徵：綠色對花卉而言是一種「不自然」的顏色，如同人們認為的男人之間的愛。（一個世紀後，嘻哈歌手造物主泰勒[3]在他2017年所發行的唱片《花樣男孩》裡驕傲地宣布自己的雙性戀性向。在〈花園小屋〉那首歌裡，他說唱道：「那花園，就是我的藏身地。」）。而當詹姆士·喬伊斯坐下來開始寫他的《尤里西斯》[4]時，他身邊準備了各種各類的參考資料，包括一本花語辭典。無論如何：二十世紀的外籍居民，

為了進步早已耗盡熱情，他們竭盡所能將與過往相關的一切鎖起來，然後將鑰匙丟掉。

　　在藝術家凱倫・阿祖萊[5]（本書作者）出生前，花語幾乎已經消失了。大家都知道紅色玫瑰意指「愛情」，但很少人知道或在乎為什麼。所幸，花卉所蘊含的隱喻和承諾超越了人為的時間限制。阿祖萊在加拿大的少女時光包括了她摩洛哥籍的嬸嬸用指甲花（Henna）搗成糊狀塗抹在手背上，相信如此能帶來好運。在藝術學校就讀時，她逐漸對與女性、自然、裝飾、以及神話相關的歷史觀點產生了研究的狂熱。2005年遷居紐約時，她的第一個室友送給她一本傳自祖母的花語辭典，那個禮物既奇異有趣又透著一股古怪的熟悉感，讓她很驚奇。

　　在這本迷人又資料豐富的作品裡，阿祖萊指出，全世界人們對花卉和植物所具有之表達能力的稱頌已經有好幾千年，且將生生不息地持續下去。「想想表情符號所代表的密語。」她寫道，「就像充滿想像力的花束，一串表情符號不需使用任何文字就可以傳遞一個誠摯的信息。愛情、慾望和真誠的讚美或歉意可能很難表達；但是，將多種巧妙的符號組合在一起，你或許就不會感覺那麼難以啟齒了。」

　　我最喜歡的一些書就是那些利用日常最平凡不過的素材並指出其不平凡之處的書。這一本花語圖鑑就是其中之一。在閱讀本書前，我很少思及花卉和植物。現在，我隨時隨地都看見它們，無所不在──深紅色的罌粟花（「極盡奢華」），深粉紅色玫瑰（「鼓勵」），紫色牽牛花（「熱情」）都是我最喜歡的晚餐餐巾圖案；藍色繡球花（「自誇者」）沿著某家鄰居的路邊花園生長；我小姪女的雛菊（「天真」）耳環等。更棒的是，我現在知道每一種花都有自己的故事，而要學習它們，我只需打開本書即可。

　　但這本書不僅僅是一本花語辭典而已；它也是一名藝術家對於「自然與人性以不可預料之方式重疊的創造性」癡迷的見證。我第一次碰到凱倫・阿祖萊是在曼哈頓的雀兒喜附近，某個朋友的一場時裝發表會上，在會後經由一個共同朋友介紹而認識的。我現在仍可看見當時與她相遇的情景：我們坐在一條低矮有曲線造型的長凳上。那是夏天，空氣溫暖，她的嘴唇塗著亮亮的吊鐘花色唇彩。我們馬上聊起來，彷彿相識多年的老友般。能找到這樣一個志趣相投、永遠有說不完的話的朋友，我當時覺得開心又激動。在我們給予彼此的熱忱和愉悅裡，我們可以只是九歲或十九歲。此後多年我早已看出，她就是一個天才：她能在多數人慣於忽略的的事物裡發現美與意義，能讓最平凡的時刻變得特殊和親密，就像一個魔法女巫或仙女教母。本書是二十一世紀關於永恆花語的最佳代表作。

凱特・波麗克（Kate Bolick）

維多利亞女王（1819-1901）
1837 年登基，統治大英帝國直到
1901 年逝世。

英國維多利亞女王大婚當天，雙十年華的她頭上所戴的不是皇冠，而是由盛開的橙花（Orange Blossoms）所編成的一頂花冠。女王喜歡一切與花卉相關的事物，而且對它們所蘊含的意義十分瞭解。由於熟悉花語，她知道淡白色的橙花象徵貞潔、婚姻、以及——因橙樹能同時結果和開花的豐饒特質——多產。婚後不久，艾伯特親王的祖母贈給年輕的女王幾株桃金孃（Myrtle），這是一種象徵愛情的花。她命人栽種了從那幾株花所剪下來的枝條，從此，英國皇家婚禮的每一束新娘捧花，都一定會包括幾朵從最早的那叢桃金孃所開出來的花。

141年後，當20歲的黛安娜‧史賓塞走向聖壇要與當時的查爾斯王子成婚時，手上捧了一束42吋長有如小瀑布的捧花。按照傳統，那束捧花包含了一些維多利亞女王的「愛情桃金孃」。在那束華麗的捧花裡引人注目的還有其他許多植物，每一種都因其所代表的感情而聞名，包括常春藤（Ivy，花語：婚姻）、梔子花（Gardenia，花語：無盡的喜悅）、鈴蘭（Lily of the valley，花語：幸福重現）、以及婆婆納（Veronica，花語：忠貞）等。但在這些白色的花朵後面，尷尬地塞著兩朵幾乎看不見的淡黃色玫瑰。這種豐花玫瑰（Rosa Floribunda）碰巧是以已故的蒙巴頓爵士之名命名的，他生前是查爾斯國王的良師益友，親如祖父。它們應該是放在他的記憶深處的；但是，黃玫瑰眾所周知也象徵忌妒和不忠。受盡委屈的黛安娜是在傳達她當時不敢大聲說出來的某種怨恨嗎？這個推測會不會扯太遠了？這種隱蔽表達的精密方式——蘊含在花卉佈置裡的情感傳播和詮釋——正是花語的藝術。

這種密碼式的傳達在維多利亞時期很風行，擄獲了眾多年輕女郎的想像力。我們都知道，在花語中，每一種植物都被指派了一種特定的情感，調性各自不同，從甜蜜的（長春藤天竺葵帥氣地要求：「可以請妳跳下一支舞嗎？」），到誇張的（莢迷花大聲說：「寧死也不能受到冷落」），到十足的鬥志昂揚（一朵乾燥的白玫瑰暗示著「死亡勝過失去純真」）。一束精心排列設計的花束是多重想像力的備忘錄，受花者需要在一本詳盡的花卉辭典的幫助下，才能破解其含意。十九世紀時曾有數百本記錄花語的書出版。

一旦開始尋找，你便會發現如果你知道該往何處尋找的

話，有數不盡的與植物相關的秘密信息等待著你去發掘。在J. K. 羅琳的奇幻小說《哈利波特—神秘的魔法石》一書裡，石內卜教授第一次跟哈利說話時，問他說：「我若把常春花根的粉末加入苦艾的泡劑裡，你說會有甚麼結果？」常春花是百合（Lily）的一種，其意是「我的懊悔會追隨你到墳墓去」，而苦艾代表「缺席」和「苦澀的悲傷」；兩者加起來，可能的轉譯就是：「我對Lily的死，深感苦澀的悔恨。」

想想表情符號所代表的語意。就像充滿想像力的花束，一串表情符號不需使用任何文字就可以傳遞一個誠摯的信息。愛情、慾望、和真誠的讚美或歉意，可能很難表達；但是，將多種巧妙的符號組合在一起，你或許就不會感覺那麼難以啟齒。如同花語，這種簡訊式的語言也是由年輕的女孩所引發的潮流。我們都知道，都會年輕人——尤其是年輕的女孩——都擅長發明俚語，促使著語言往前邁進。在每個世代裡，年輕女子們因「不識字」和「無趣」這樣的大聲指責而遭到貶抑。然而不用多久，她們口語體的過失就被認可了。

誰能比年輕的女孩更需要溝通和語言式探索？我還記得青春期時與我一起度過許多周末夜晚的閨蜜－潘。我總是哀求她一到家就馬上給我打電話。我們會在電話上聊好幾個鐘頭，然後隔天早晨在學校碰面時，第一件事就是交換彼此冗長的手寫書信。那些書信緊緊地摺疊成各種不同的形狀，裡面充滿塗鴉、夢想和對暗戀對象的提問（當然全是用暗號和密碼寫成的）。

如同粉筆畫的花卉圖案及其他刻板印象中的女性愛好——1980年代山谷女郎[6]之類的——語言的某種運用，也經常被視為內涵不足。然而，與流行看法背道而馳的是，之類的並不是一個語言填充詞；反之，語言學者早已論定，它是一種語氣標記，是一個強化語意的技巧，且具有簡述的功能。當年支持這個詞的濫用的青少年，現在都已經是中年人了，而這個詞彙的使用卻仍強大有勁。「之類的」這個詞，並不是一個短暫、不成熟的流行語。

說到創意語言，女性同胞們總有其訣竅，能在語言和文化的障礙上找到解決之道。在有關愛情和誹聞的主題上，花語能讓女人在不破壞女性禮儀的禁制期待下，盡情地表達自己。只要閱覽出版的花語手冊，你就可以找到探索你自己的奇思妙想的機會。儘管花語能以細瑣的方式被欣賞，但它也可以透過精心策畫來巧妙地包裝富有洞察力的信息。柔情的浪漫表達和手製訂情物的精巧創作，都擁有其價值，且值得我們讚賞。

花語的歷史給我們提供了一個特殊的脈絡，讓我們能深究並探索維多利亞時期其背後某些較大的且具有作用的文化事實。

新娘花

全世界的文化不約而同地都將花卉融入婚禮的慶祝和儀式中。烏干達的奈洛族有一個婚禮傳統，他們會在結婚日的當天早晨，將芳香的野花露灑在新娘的頭上。印度的新娘和新郎則會將互相搭配的花冠戴在彼此的頭上，來象徵未來的快樂和家族的昌盛。

白色新娘花的習俗源自古希臘。那些代表童貞的花束由許多種植物組成，包括蒜頭。在婚禮時沿著新娘走道撒著玫瑰花瓣的女花童，則可追溯至古羅馬時期。傳統上穿著白色禮服的女花童走向紅毯的另一端，象徵著新娘即將要失去童稚，邁入成年期，而那些花瓣則象徵生育力。後來到了羅馬帝國時期，女花童會捧著一束小麥穗，以象徵多產和富饒。

在古老的英國，人們相信新娘禮服的一小塊碎片或捧花的殘留葉瓣，會帶來幸運。因此婚禮後，新娘會被蜂湧上來撕扯她禮服和爭搶捧花的朋友和親屬們衝撞推擠。為了避免這個儀式偶爾粗暴的本質，有策略的新娘便會拋掉手中的捧花，再迅速從另一個方向離開。這個傳統流傳至今，成為了現代「拋花束」的儀式。人們相信，一個未婚女子若接住了這個花束，那麼她會幸運地找到意中人並幸福一生，而且會是下一個走進結婚禮堂的新娘。

古代史

溯過往，我們從人類歷史的源頭就能看見人與花在儀式和情感上一直具有聯結的證明。

舊石器時代

科學家在伊拉克北部挖出的尼安德塔人遺骨中發現，花卉已經被使用在葬儀裡了。在那座墳墓裡，能夠被認出來的植物遺跡種類多達28種。

人類用植物裝飾葬禮的古老例子中，最聞名的也許就是在以色列北部加爾默羅山的一個洞穴裡所發現的納圖夫墓場。泥土中被羅列的墳墓所擠壓出來的痕跡中，已被證明有猶太鼠尾草（Judean Sage）和玄參（Figwort），雖然這些植物所代表的意義尚不得知。

公元前十六世紀

人們在中美洲的文明中發現，牽牛花不僅具有致幻屬性，也含有多種有用的特質。天然乳膠，也就是從巴拿馬橡膠樹所提煉出來的汁液，一旦乾燥後會變得易碎。但將乳膠和牽牛花藤蔓的汁液結合後，它就能保持柔軟強韌。這個過程可以和橡膠的硫化——一種強化橡膠的方法——相比，而硫化的技術卻直到三千年後才被發明。

根據紀載，中國最早的花園建於三千多年前。隨著時間推移，古老的花園演進成讀書人沉思、退隱的僻靜處。中國古代的這些植物學家們培育了多種花卉，包括紫藤、杜鵑、菊花、山茶花、梔子花、連翹、荷花、木蘭花、和牡丹花等。

公元前十三世紀

在埃及法老阿蒙霍特普三世統治期間，神廟首席花匠的墳墓上會詳細描述他所完成過的各種專業任務。首席花匠的工作就是管理花園以及在製作團隊佈置植物時監督他們。當時這種園藝創作最盛行的主題之一就是可愛的藍色蓮花。蓮花盛開時每天都要從水裡再度浮現出來展開它天藍色的花瓣，因此象徵復活與再生。將蓮花與紙莎草的莖梗描繪在一起時，其所傳達的信息便是上埃及（以紙莎草為代表）和下埃及（以蓮花為代表）之間的一種聯盟。

公元前十一世紀

古埃及的法老王很重視植物性藥物所具有的象徵性和靈性本質，並且在下葬時全身會用繁複的花冠和花項圈裝飾。某些神廟所保留的文獻顯示，拉美西斯三世每年都要向天神獻上一百多萬朵的鮮花。之所以獻花是希望天神會賜予獻花者巨大的福氣。在逐條羅列的清單裡，我們可以看到他所奉獻的各種花卉設計，如扇形花束、有香味的花束、連成一串的藍色花朵、和花塚等。

公元前一世紀

在遙遠的東方，據傳佛陀及其弟子間有一個「拈花傳道」的故事。當一群專心的弟子聚在一起傾聽佛陀的教誨時，佛陀只是拈起一朵白色的蓮花。而除了迦葉，其他的學生都對這個手勢所蘊含的訓示感到困惑。這個有時被稱之為「拈花微笑」的訊息，是禪宗裡的一個重要支柱；它闡明了萬物飄渺、無法言說的本質。

據說，以擅長耍弄女性詭計聞名的埃及豔后克麗奧佩特拉，每日都要在芬芳的花香軟膏上花費相當於800美元的開銷，來塗抹保養她的玉手和臂膀。

公元一世紀

　　古羅馬詩人奧維德[7]的神話故事集《變形記》[8]裡，女人通常與有用的樹木有關聯，例如被變成了月桂樹的戴芙妮。而就如同鮮麗的羽毛通常長在雄鳥的身上，神話裡被變成鮮豔花卉的也都是男子，如阿多尼斯（Adonis, 側金盞花）、海厄辛斯（Hyacinth, 風信子）、和納西塞斯（Narcissus, 水仙花）等。然而，在西方文化中，花卉卻更常用來比喻女人。我們在數不盡的例子裡看到，花經常被用來反映女性特質以及女人以春之花般純潔的姿態所呈現的自我期許。

　　歷史上為人所知的最早的連環殺手之一蘿卡絲達便是以其對顛茄（Belladonna）[9]的應用而惡名昭彰。羅馬皇帝克勞迪亞斯的妻子和兒子雇用她來謀殺皇帝。在她將這種致命的顛茄加入皇帝愛吃的蘑菇裡後，克勞迪亞斯的兒子尼祿便繼位掌握了權勢。尼祿成為皇帝後，贈給蘿卡絲達龐大的財富並指派她去殺害他的敵人。據說她的受害者數以千計。她甚至成立了一所學校，將殺人的方法傳授給下一代有抱負的殺手。尼祿心智不健全又殘酷成性，元老院宣稱他是人民的公敵，而他以自殺作為回應。蘿卡絲達失去庇護者後，被逮捕並處死，為她的多重謀殺罪付出了代價。

公元三世紀

　　以古梵文寫成的性愛寶典《慾經》[10]裡羅列了一個夠格的女人應該熟練的64種性愛技巧。其中幾種便運用了細緻的花藝，例如用米和花朵裝飾偶像、在地上佈置花床、製作人造花、以及用花朵編花冠和頭飾等。

　　已經被慶祝了一千五百年的聖瓦倫丁節（情人節）[11]，其真正的起源並不明確，但通常被認為與羅馬牧神節[12]的節慶有關。在羅馬禁止年輕士兵結婚期間，目空一切的聖瓦倫丁秘密地為他們證婚。傳說被下獄的瓦倫丁愛上了獄卒的女兒，他捻碎長在牢房附近的紫羅蘭，以其汁液作為墨水給她寫情書，並署名「妳的瓦倫丁」。他在2月14日被處決。雖然這個節日在現代等同於紅色玫瑰，但其實源頭是紫羅蘭，其心型的葉片直到今日仍代表聖瓦倫丁節。

公元十二世紀

　　特雷維索競賽是義大利的一個節慶，其中「愛的城堡」是最具特色的活動。在這項活動中，未婚女子會保護一座由絲綢簾幕和地毯建構起來類似城堡的堡壘，而從特雷維索、帕多瓦、和威尼斯等城市歡呼而來的年輕人則對它展開攻擊。所有的隊伍都披戴著水果、堅果、和花卉，如百合花、水仙花、紫羅蘭、玫瑰等前來。他們也會對彼此噴灑玫瑰露和其他香水。被賦予重任的一組騎士裝扮的裁判最後會宣布哪一個城市獲得勝利，而在城堡裡的女人們便會向贏得勝利的那個城市的男人們投降。

公元十六世紀

中世紀的花園優先種植的是食物、藥草、和毒藥，而非與美感相關的景觀花卉；不過，以花卉作為溝通媒介的象徵模式仍然可在這個時代的文化裡看到。莎士比亞給奧菲莉亞[15]戴上由野花編成的花冠，來反映她精神迷茫的狀態。插花時，將草原剪秋羅（Meadow Lychnis，被又稱為法國的「美麗姑娘」，"Fayre Mayde" of France）、蕁麻（Nettles，一種有刺植物）、雛菊（Daisies，也稱為「白日的眼睛」，"Day's Eye"，公認是一年中最早開的花）、以及紫色長茄（Long Purples，又稱為死人的手或指頭）佈置在一起，依次轉譯下來它的意思可能就是：美麗的姑娘被刺中要害，她的處子之花落入了冰冷的死神之手。

公元十三世紀

阿茲特克人[13]種植大量花卉並以它們裝飾自己的家。他們的詩歌中有對金盞花、大麗花、西洋櫻草和百日菊等的詠讚。又稱之為「珍貴羽毛花」的阿茲特克女神索其奎特薩（Xochiquetzal）則與多產、美麗、以及女性性能力有關聯。她是母親的保護者，是懷孕、生產、工藝以及花卉等的守護神。崇拜者會戴上野獸和花卉面具來表達對她的崇敬。

公元十五世紀

十五世紀時，英王亨利七世採用「都鐸玫瑰」作為皇家紋章；它是英國統一的象徵，標記了一個內戰的結束。蘭卡斯特王朝（以紅玫瑰為紋章）和約克王朝（以白玫瑰為代表）之間的對抗，稱之為「玫瑰戰爭」[14]。外圈紅色花瓣、內圈白色花瓣的都鐸玫瑰，並非真的花，而是英國統一的標誌；它出現在許多英國繪畫、建築和錢幣上，是一個常見的圖案。

宗教的花卉

在猶太教的墓地或葬禮上，植物不會被使用。事實上，這個宗教幾乎沒有任何花卉儀式。猶太人參加葬禮時，不是攜帶花束到墓園去；他們是在墳墓上放置小石頭。即使在創世紀裡，對伊甸園的描述也未曾提到過花卉。對一神論而言，與大自然界相關的任何心靈感受或迷信，都是一種威脅。

因為與異教的聯繫，羅馬的天主教會並不相信花卉的象徵，並且禁止在慶典上使用花卉。但邊界外的居民，從德魯伊教信徒[16]到阿茲特克人，不但反抗這個限制，甚至拒絕放棄他們所喜愛的「未開化的」儀式。最後，教會屈服於這種訴諸感官且深具含意的儀式，開始將花卉的象徵融入自己的儀典中，並且為自己的宗教目的而改寫花的「語言」。原本象徵愛情和維納斯的玫瑰，經過挪用，如今代表著愛情和聖母瑪利亞。

環球植物遠征軍

在十六、十七世紀時，歐洲殖民者開始從美洲收集各種植物樣本，並將它們送回自己的祖國。他們也給殖民地帶來了種子、球莖、和插條，將他們最喜歡的某些植物從家鄉引進了他們所殖民的土地。船隻在美洲、歐洲、和西非之間沿著貿易路線航行，轉換著值錢的貨物，包括植物、動物、商品、和疾病。植物獵人，以及委託他們的有錢人，為了追求知識以及對擁有來自異鄉且稀奇的品種的貪得無厭，而踏上了探尋的旅程。此等交換也包括了非洲人的遷移；他們被迫成了農業的奴隸。

從某些角度來看，我們透過科學所認知的這個世界是因為環球探索而開啟的。然而，最終，殖民所造成的傷害——它對原住民及其環境的負面衝擊——在許多方面都無法修補。

貿易路線在十八世紀時更加延伸，對新植物及稀有品種的大量需求也激勵了一波對植物的探尋和實驗。例如第一株花卉混種：康乃馨和甜蜜威廉（Sweet William, 美洲石竹）的雜交種。

1768年時，英國植物學家約瑟夫·班克斯[17]加入了知名的英國探險家兼製圖師詹姆斯·庫克船長被委任的海外遠征團隊，登上了奮進號[18]。那群探險家造訪了巴西、大溪地、紐西蘭、和澳洲，而班克斯返回英國時帶回了三萬種植物樣本。他被認為有功於「發現」了一千多種植物，其中八十種還以他的名字命名，包括他在澳洲的樹叢裡第一次看到的鋸齒佛塔樹（Banksia Serrata）。那植物早為當地土著卡地哥人[19]所熟知，原住民語稱它為Wiriyagan。所以，班克斯並沒有真的「發現」那種花卉；只是因為他將那植物帶回英國，西方學界與他一起說了謊話而已。

農業讓有權有勢的人更具權勢。植物從某個殖民地飄洋過海被移植到異鄉的土地上。

拿破崙在1798年入侵埃及時，宣稱說他的目的是為了解放該國人民於暴政。他的艦隊上除了士兵外，還帶了167位科學家、發明家、藝術家、和數學家等。那支法國研究團隊很快就在開羅佔據了一座皇宮作為總部；他們開始編目蒐集來的訊息並從該地區大肆掠奪古物。那些被竊奪的工藝品在知識界與一般大眾中激發了龐大的好奇和興趣。那股狂熱最後

創造出了被稱之為埃及學的研究領域。

在該次遠征中被發掘出的文物其量無數，其中最著名的古文物之一就是羅塞塔石碑[20]。早在公元三千年前，古埃及人便使用象形文字以壁畫形式來記錄發生過的事件；但除此，歐洲人對古埃及文化裡象形文字的使用，所知並不多。眾所周知，羅塞塔石碑上的碑文是以古埃及文、象形文、及民書體[21]三種文字所刻成，而這些文字曾讓歐洲的語言學者耗費數十年的功夫想要解讀。在1822年時，法國學者尚-法蘭索·商博良[22]是第一位發表在這方面有突破研究的學者。這個有趣的語言學發現激發了大眾對中東文化以及破解密語或外語之奧祕的狂熱。或許花卉的密語也在此時有了某種程度的啟動，因為它與當時代的思潮產生了共鳴。

「東方主義」這個已經落伍的詞，在十八、十九世紀時非常盛行；它被用來描繪人們對北非、中東、和亞洲文化日益興起的愛好。西方對花語的狂熱也在來自海外的這些風俗被高度浪漫化卻又被深深誤解、研究不足、且嚴重低估的這個時代，高漲起來。花語辭典因其土耳其語的字根而吸引了西歐人。儘管歐洲文化裡有一種對種族影響的強烈渴望，但對於那些美學背後其真正的人民、哲學、或文明等，卻沒有相對的好奇。西方人經常將許多獨特的文化混淆成一個單一概念，並在智性及涵養的領域裡擺出一副優越的姿態。

然而旅行者向我們保證，花卉對東方人而言不僅是一種「被欣賞的東西」而已。在這些未開化卻有趣的人們手裡，花變成了一種修辭；比起文字所能表達的溫柔和力量，它們更能夠訴說他們的情感。比起其他國家所使用的那些笨拙又令人尷尬的宣言，東方情人沉默的辯才著實更優雅、更詩情畫意、更浪漫多情啊！

——E. W. 沃爾特，《花語辭典》，1829

溫柔的回憶

對美國內戰前那些在南方被奴役的人們而言，想要聚在一起共同哀悼一個生命的消逝，這種機會是很少的。在這種侷限下，不引人注意的、儀式性的手勢便發展了起來。絲蘭（Yucca）有時被當作一塊墓碑栽種。被奴役的美國黑人逝去後墳頭普遍長滿長春花（Periwinkle），以致考古學家們開始在這種多年生的野花叢下尋找那些未被標記的墳場。這種象徵著「溫柔的回憶」的小花，很稱職地成為隱蔽、別具意義的記號，帶領著心愛之人前往埋身之地。

長春花，E. E. Gleadall
《花卉之美》

（1834-1836）；圖片取自生物多樣性歷史文獻圖書館[23]，由威斯康辛大學提供。

蒙塔古夫人

在十八世紀初，英國貴族、作家、兼女詩人瑪莉·沃特利·蒙塔古夫人[24]，隨其外交官丈夫派駐鄂圖曼帝國時前往了伊斯坦堡。蒙塔古夫人對異國風俗十分癡迷；她浪漫化東方文化到如此地步以致最後自己都戴起了包頭巾[25]。她是第一位書寫穆斯林文化的非宗教女性。由於能夠前往如女子澡堂這般隱密的場所，她新認識的當地的女性朋友們在目睹了英國婦人所被迫穿著的扭曲且仇女的緊身束胸時，那驚恐的樣子全都落在了她眼裡。她回國時帶回了無價的紀念品：不可思議的故事以及天花接種的技術。

在蒙塔古夫人與朋友們往返的書信中，中東傳統的「問候語」[26]是她所描繪的文化魅力之一。她敘述道：「每一種顏色、花卉、野草、水果、草藥、小卵石、或羽毛等，都有其專屬詩句；而你可以在不用墨水髒污自己手指頭的情況下，就送出與人吵架、責怪，或表達赤誠、友情、禮貌，或甚至只是小道消息的書信。」隨著這封信一起給朋友送去的是一盒裝著珍珠、丁香、黃水仙、紙張、金線、胡椒，以及一張解釋盒中每一樣東西之涵義的清單。

蒙塔古夫人與丈夫出使期間的信函在她的社交圈內廣為流傳；那些書信在1763年她逝後結集出版。跟旅行家歐柏瑞·德拉·蒙特拉伊[27]從1727年起陸續發表的遊記一樣，蒙塔古夫人也被視為花語的靈感之源而經常被引述。「問候語」用的語言，在一本有關鄂圖曼帝國叫作《土耳其祕書》的書中有詳細的紀載。作者Édouard de La Croix[28]在他的辭

土耳其人有他們自己古老的透過各種物品來表達的密語傳統。問候語，如同額手禮 "Salaam!" [29]，據稱也是土耳其的情語。幾個物件的組合，例如一顆杏仁、一片絲綢、一朵花、一絡頭髮等，可以同時被包在一條手帕裡，然後作為一種詩意的情感表達送出去。瞭然於心的與每一種常用的標誌有關聯的詩韻，讓接受者能夠解讀出隱藏在那一小包東西裡的密碼信息。於1303年出版的一本土耳其刊物曾指出，許多問候語的象徵都是基於語音的，反映了該時代的俚語和粗魯的俗語。例如，一塊糖，土耳其文叫做eker，它與seni midem eker這幾個字有語音上的類似，而從古土耳其語翻譯過來，這幾個字的意思就是「我渴望得到你」。

瑪莉·沃特利·蒙塔古夫人，
紐約公共圖書館數位典藏

瑪莉·沃特利·蒙塔古夫人

典裡列舉了運用問候語的人所會使用的191種物件，其中16種是花卉，包括茉莉（Jasmine）、晚香玉（Tubereuse）、雛菊（Daisy-Flower）、三色堇（Pansy-Flower），以及玫瑰等。在蒙塔古夫人與朋友們通信的三十年前，那本書便同時以法文和英文出版；許多人相信，她的通信對象對那些所謂的土耳其「情語」早已熟悉。即使如此，蒙塔古夫人與她社交圈的權貴們，仍是當時風靡歐洲的花語的催化劑。

陰蘭（Orchis Genitalis）

蝶豆花（Clitoria）是一種很可愛的紫藍色蘭花，是許多花型與女性的外陰與陰蒂極度相似的花卉之一。這種花在1678年時很中肯地被命名為陰蘭。十九世紀的某些植物學家們認為，這個名稱太具爭議性。在印度的阿育吠陀醫理[30]中，蝶豆花被認為對女性健康有益。

也有很多花長著陽具般的雄蕊。義大利紅門蘭（Orchis Italica）就俗稱「裸男蘭」（The Naked-Man Orchid）。這種花的花瓣完美地呈現了人體的輪廓，加上那支垂吊的陰莖，使得人形結構更加完整。不用說，有些人便希望這種花具有強化男子氣概的功能。眾所周知，蘭花愛好者對那種浮誇的、多毛的、或青筋暴突的撩人五官，特別感到癡迷。

蝶豆花，S. Holden，《派克斯敦植物學與開花植物紀錄雜誌》

（1834-1849）；圖片取自生物多樣性歷史文獻圖書館，由賓州園藝協會提供。

在十九世紀初期的北美洲，探險家路易士和克拉克在一名叫作薩卡加薇亞的休休尼[31]女子的嚮導下，開始對那片看起來漫無邊際的西部荒野展開了探險之旅。他們顯然受了傑佛遜總統[32]的託付，要在與農業知識及技術相關的議題上，請教原始住民。這些專門知識傳統上是口耳相傳下來的；它們被殖民者吸收後最終被剝削利用，因為美國原住民的貢獻和知識在有紀載的歷史上多半是缺席的。

就如同澳洲「未被碰觸過」之土地的潛在利益被植物學家約瑟夫·班克斯明顯地看在眼裡，而埃及則是拿破崙的勘查目的地，帝國主義和殖民地的開拓也為西方文化的領袖們鋪開了一條通往權勢與利益的誘人道路。即使是受人敬重的美國發明家兼政治家班傑明·富蘭克林[33]，都曾不遺餘力地宣導說農業是美國財務獨立的關鍵，儘管他並未明確提及用美國黑奴的生命交換美國白人的財務「自由」所付出的高昂代價。

更寬廣的視野

綜觀歷史，西方文化對大自然一直保持著一個主宰的關係。很多時候，歷史將「發現」新品種的植物歸功於歐洲探索者。這些探索者在其他大陸與植物相遇的故事總是錯誤地被描述為植物的來源；更常在沒有承認一個植物的本土根源下，就以這些探索者之名給這些花卉命名來向他們致敬。

花卉文化的歷史一向取材於從殖民觀點所創造出來的豐富資源。有關花語的書籍很少承認這個事實：殖民主義或這個大潮流是在受到南北戰爭以及美國與英國殖民地的動產奴隸制污染的時代裡發生的。積極地搜索被遺忘的歷史，能讓我們對與植物相關的過往之瞭解更加豐富也更加有趣。

一些大型植物機構，如英國皇家植物園[34]和紐約植物園[35]，已經開始承認其龐大植物收集的取得與殖民主義之間有直接的關係。從事改進根源性不平衡的植物專家們，也都在改寫他們所呈現與傳授的植物史，並與其他教育者分享重要資訊以及智力與財務資源，同時致力於和那些曾經被不道德地挖走植物的國家建立協作關係。

花如女人

花如女人這個觀念在所有歷史中都看得見其足跡，但這個觀念在十八世紀末時更加鞏固起來。流行的園藝和花卉潮流通常會追隨同時代的科學進展。例如，當人們正在研究細胞結構和資源保護時，從自然主義的觀點欣賞野花便曾風靡一時。而二十一世紀對永續性的專注，則強化了栽培本土品種的重要性。

夢中情人——理想的美人

草原上的花，創作（或出版）於 1851 年 6 月 9 日。

到了十八世紀末，卡爾·林奈烏斯[36]的植物命名法引發了人們對花卉的性徵與生殖的興趣。這位瑞典植物學家因創造了一種全新的生物分類體系並根據植物的生殖方式給予分類而聞名於世。林奈烏斯對植物與人類性徵之相互關係所作的描述非常大膽直率。在他1751年出版的《植物哲學》（*Philosophia Botanica*）一書中，他猶疑道：花卉的花萼究竟應該稱為「臥房」還是「陰唇或包皮」。

透過這種性濾鏡來觀看植物，導致了許多人根據植物的生物特質而擬人化了植物。而這鼓舞了情欲的、浪漫的詩學；煽情的詞彙如雌雄同體多偶、夫妻交合、閹人、生殖器分泌物、和隱婚等，紛紛躲在植物生命的掩飾下，變得更加撩人。有些人宣稱，植物生命的性化，讓女人能夠談論性這個禁忌話題。踮著腳尖行穿傷風敗俗的領域時，密碼語言是一條安全的道路。

深植在林奈烏斯的新科學語言裡的，是一個以性別為基礎的權力結構。例如，林奈烏斯將生產花粉的雄蕊視為雄性，而且比花朵的其他結構——被他歸類為被動接受且「雌性」的——重要。他把對人類性別與性徵的二元假設黏貼到植物身上，如此一來，更加印證了加諸在女性身上的諸多令人窒息的文化期許和限制。

歐洲社會對植物性徵的狹隘理解，常常因為人類的感官享受和求愛的陷阱而被當作隱喻性替代品來使用。林奈烏斯有關花卉雌與雄屬性的二元觀，讓這個社會對所有人，尤其是女人，該如何履行他們性別責任的苛刻期望和限制持續存在著。很不幸，我們從植物世界所學到的，並不是多樣性與流動性這樣一種認知，因為如果你願意尋找，支持該觀點的證據很多。

在開花植物中，至少有90%，包括玫瑰、鬱金香、百合等，被認為是雙性的。用植物學術語來解釋，這表示它們含有可被歸類為雄性與雌性的功能結構。單性植物，像白桑（White Mulberry）或美國冬青（American Holly），只含有一種性別的器官——雌或雄。雌雄混株的植物，如剪秋羅（Campion）或勿忘我（Forget-Me-Not），則同時擁有雙性或單性花朵。有些植物在逐漸變化進入新的成長階段時，甚至會發展出不同的生殖能力。

摺扇的密語

在「勇於表達」不被鼓勵的時代，十九世紀創造了數種密語來傳遞浪漫的訊息。其中的一個語彙便是：扇語。以一種特別的姿勢握著一把扇子，或在某個角度啪的一聲將之闔上，都能向可能的追求者傳遞明確的意思。某位淑女坐在一個歌劇院的包廂裡，隔著劇場的對面包廂就坐著她的一位仰慕者，她可能會不動聲色地將握在另一隻手裡的扇子抽拉出來，告訴對方「我討厭你」。用左手緊緊握住扇子所傳達的訊息則比較鼓舞人心，其意是：「渴望結交」。那個時代也給予陽傘密語和手套密語存在的空間。

在時尚和裝潢上，花卉主題很流行；握扇，十九世紀初，大都會藝術博物館。

人們在以前（現在仍是）常把花與「女性化」的特質做聯結，例如身材和氣質的嬌小、柔弱，以及美麗的短暫等。女子的童貞通常被喻為嬌弱的花朵，必須不惜一切代價來呵護；「折花」這個動詞便是人們常聽到的打破處女膜的委婉詞。經過青春期逐漸長成性徵明顯、有生殖力的女人，常被形容為「花朵盛開」。花在我們面前凋萎，則代表著美麗的短暫。西方文化特別喜歡描述女人的青春與美麗的飛逝；她們就好像切花，在我們眼前憔悴枯萎。

在維多利亞時期的英國和北美，女人被鼓勵要培養花兒般的特質。禮儀的書籍建議，一位淑女不僅要看起來、聞起來像一朵花，她也要像一朵花般地感受和思考。當時的美國文學裡有一個常見的描述，如果一個牛仔前往西部邊陲，碰巧經過一座門前種著玫瑰花叢的小木屋，那麼他知道這屋裡住著一個好女人。

法國女人對培養女性風姿以便更吸引男人特別感興趣。對十九世紀的美人和優渥生活而言，香味是一個不可或缺的元素。當然，只有身份高貴養尊處優的女人有能力把自己打扮得香噴噴的。對那些有能力的女人而言，各種感覺或心情都有特別為它們指定的香氛。

在歐洲，園藝是一種適合男人的消遣，但在美國園藝被認為是一種女性的活動。大刀闊斧且科學的大自然和植物總被人們跟強大的男人聯想在一起，但花卉和園藝則屬於女人和工匠。當一名男園丁賣力地整理園地時，另一個理解就是，女人以母親般的慈愛照顧著她的花園。看一株植物長得繁茂或枯萎，便能夠衡量一個女人的撫育能力。

孕育自這個花語盛行的年代的某些植物情懷，反映了十九世紀的性別價值。形狀妖嬈浮誇卻沒有香味的花，人們將之與低道德聯結在一起；而那些端莊又芬芳的花朵則象徵了一個真正的淑女所擁有的一切美德典範。明豔蓬鬆的繡球花（Hydrangea）意指「誇耀者」，而嬌小又芬芳的白色茉莉則與「和藹可親」的情操相聯結。鈴蘭（Lily of the Valley,「幸福重現」）開著小小的鐘形花朵，它們有如一位淑女羞於他人注目而低垂著頭、對自己的美麗完全不自覺的謙卑姿態，一向受到廣泛讚美。

花語的爆發

工業革命（1760-1840）期間的技術發展改造了植物學的領域。外國花卉越來越容易取得，人們對植物學的文化興趣也越趨濃厚，於是住家花園便如雨後春筍般興盛起來。英國因拿破崙戰爭[37]而取銷了玻璃稅，同時大片窗玻璃的生產能力也有了突破。這使得大型溫室，如丘園（Kew Gardens）裡宏偉的「棕櫚屋」[38]之建立成為可能。四季如春的溫室讓園丁們能夠栽培來自不同氣候的植物，而更大的空間意味著更多的植物樣本。每一種植物都有其特殊需求，而人們便致力於找出那些需求。

十九世紀引爆了一股花潮。花圃出現在公園裡。富裕人士建造消費級的溫室。即便是都市窮人也可以用一盒子盛開的花裝飾他們的窗台。花卉圖案出現在所有能夠想像的外觀上：壁紙、珠寶、建築、扇子、布料等。人們用紙、毛氈、貝殼、玻璃、蠟、和絲綢等材質做出各種花飾品，形狀栩栩如生，令人驚嘆。人們雖然瞧不上花冠，因為它已經是一種過時的異教風格，但在秀髮間或帽子上別一朵小花卻被認為時髦又別緻。握在手裡的小花束（叫做Tussie-Mussies），也是時尚的配件。有茉莉花香氣或灑了其他香水的手帕常常被用來遮擋城市生活裡的臭味。胸花被認為可以抵抗疾病和惡魔，而男士們也開始在外套及扣眼別著花朵來給他們的衣著加分。

在此期間，出版界因平版印刷術、蒸汽動力印刷機、和工業用紙製品等的引進而徹底轉變。閱讀成為一種有涵養、有風格的嗜好；一間裝修豪華、擺滿印刷精美的書籍的圖書室，被認為是一座體面的喬治亞式豪宅裡的一項重要設施。文學和雜誌越來越容易購得，連中產階級家庭都喜歡擁有自己的私人圖書室，即便只是一座小書架。而這些為一波成功的植物學出版物創造了條件。

在這樣一個婦女生活受到極大侷限的時代裡，她們對花卉的興趣便澎湃洶湧了起來。除了寫信外（此類作品數量極大），女人所能夠探索的「適當」活動很少。隨著充滿感情的花卉書籍的出版越加蓬勃，閱讀與花卉相關的作品便提供了日常生活中迫切需要的消遣，而女人社交的刺繡聚會也被描繪花卉植物的聚會給逐漸取代了。

藥草與治療

許多遵循歐洲、美洲原住民、印度阿育吠陀、非洲和中國等傳統的草藥師都相信，從植物的外觀就可以看出該植物的潛在藥性。這個理論便是所謂的藥效形像說（Doctrine of Signatures）。例如三角草（Hepatica），又稱為地錢（Liverwort），長著形似人體肝臟的裂葉，使得草藥師們相信它的花對該器官具有醫療功效。

隨著時間推移，有些花療法已證明了其效果，有些則沒有，有些甚至相當危險。許多植物因其療效已被使用了數百年，但是多數花療法缺乏規範，且從未就其毒性或療效嚴格地測試過。不過，有些藥物的確有其植物學根源。止痛藥阿斯匹靈便是從柳樹皮所萃取的成分製成的。嗎啡來自罌粟花。美國農業部也曾宣稱，西方國家的藥房所販售的藥物中有40%是從植物性藥材衍生出來的。

特別為女性書寫的花卉書籍，一開始專注在詩詞歌賦上。有些是以親密信函的形式，由一位在鄉間的女子寫給她的讀者們，然後在詩歌間穿插入道德或園藝訊息的主題。植物鑑定手冊在這段時間也很受歡迎，其目的在於分辨受到人們喜愛的文學作品裡所引用的品種真正為何。許多花的名字在文本中有誤導之嫌，如在聖經或莎士比亞作品裡曾出現的某些花卉，而這些植物鑑定書籍是希望能勾畫出不同品種間的差異。

由於蒙塔古夫人所引入歐洲的浪漫的土耳其「情語」令許多人著迷，法國的花卉辭典便遵照與問候語類似的一個語音邏輯來編寫。約莫在植物鑑定指南於歐洲其他地方出版之時，手寫語彙也在十九世紀初開始在法國流行起來；除此，還有一些這裡那裡出現的小型刊物。西方世界第一本重要的花語書籍是1810年獻給拿破崙的前情人約瑟芬由B. Delachénaye所著的 *Abécédaire de flore ou Langage des fleurs*（*ABC of flora or language of flowers*），《花卉百匯或花語》。承續sélam這個傳統，Delachénaye大玩押韻與字音的遊戲。例如，他把苦艾（Absinthe）和缺席（Absence）組成一對。然而，當這些書籍被翻譯成其他語文時，基於語音的配對組合並沒有原文那麼顯著。拿苦艾這個例子來說，許多英文讀者就很疑惑，苦艾這種植物——英文稱為青蒿（Wormwood）——究竟有何特質，竟能召喚出「缺席」這個主題。儘管有類似這樣由翻譯所衍生而來的問題，但原始的意義則基本上完整保留。

1819年時，路意絲・蔻潭貝赫（Louise Cortambert）以筆名夏洛特・德・拉圖出版了《花語》（*Langage des fleurs*）一書。這本先期出版的書或許是此類題材中最具影響力的：它成為了後來所寫作的花語書籍的典範。雖然每一位作者都會對其書中所含蓋的花卉及與每一種花卉相關聯的意義做出一些個人的及藝術上的調整，但一個整體的、基本上一致同意的花卉象徵的語彙，卻從一個出版物到另一個出版物地傳遞下去。例如，1834年佛瑞德烈克・休貝爾（Frederic Shoberl）所編寫的《花語》（*The Language of Flowers*）一書就是夏洛特・德・拉圖的作品的改寫，內容只有少數編輯上的更改。他用英國本地的花取代了原有的一些花，例如廣受喜愛的虎耳草（London pride, 直譯即「倫敦的驕傲」）。

這些書的模板都是在複製先前出版的辭典下製作的。然而就像以訛傳訛時會發生的那般，由某位作者犯下的排版或植物學上的錯誤，例如次序混淆或含括了並不存在的花卉等，也在後來跟著出版的幾十本花語書籍裡被重複。在那一整個世紀，來自海外的新奇品種不斷被引入市場中，而它們也都逐漸被加進了數量越來越多的出版物裡。

由於對花語的文化愛好逐漸興起，數以百計的完整的花語辭典便紛紛出版上市了。整體而言，對於書中基本所列的每一種花卉的涵義，作者之間是有共識的。然而，

夏洛特・德・拉圖（Charlotte de Latour）將晚香玉視作一種「強烈感官愉悅」的象徵；圖片取自生物多樣性歷史文獻圖書館，由康乃爾大學提供。

由於資料來源不一，因此某些花與植物便常常被賦予了不同的詮釋，而這也使得傳達錯誤經常發生。想像一下：一名年輕女郎希望收到一束花，但她可憐的追求者卻在不知情的狀況下給她送來了一束代表「欺騙」和「失望」而非「妳的魅力讓我讚嘆」的花束！

這股花語風潮在1820年代因亨利・菲力普斯的《花的象徵》一書吹進了英國。它是英國所出版的同類書籍中第一本內容豐富且充實的作品。因拿破崙戰爭和法國大革命之故，當時的英國人對法國人的道德觀一般仍抱持不信任的態度，況且兩國之間還存在著明顯的競爭。法文的花語書籍中所含的不健康的內容必須被清除，以便讓它更適合英國讀者。菲力普斯在該書的序言中解釋說，他將所有「不優雅的暗示」或「可能有礙端莊的雙關語」都刪除了。在這本拘謹又謹慎的花語書裡他完全沒有暗示那些語言事實上可被運用在風騷的調情或風流韻事中。

在十九世紀初，法國人並不認為愛情、韻事、和婚姻之間有本質上的關係。他們對性很坦率，在某些情況下，甚至公開地擁有情人。對英國作者而言，法國人對愛情的態度不道德，因此他們會將書籍中的相關部份刪除。法國人則認為英國人對離婚的散漫思維，以及英國所容許給年輕單身女性的相較自由，才不道德。有趣的是，英國女人在婚前往往享有某些自由，但身為人妻後，她們常常覺得自己很受拘束，而對岸的法國姊妹們則在婚後反而享有較大的社會自主性和權力。

英國小說家亨莉耶塔・莫瑞亞媞也是當時十分重視道德的植物藝術家，她覺得雄蕊與雌蕊明顯的性功能具有猥褻暗示。她相信給年輕人閱讀這樣的意像是危險的。她在她的繪畫中謹慎地佈置每一朵花的角度，將最猥褻的那些小蕊頭遮掩起來；她刻意不偏不倚，讓她的花畫作品既能足夠準確地呈現，又能避免任何不雅的性影射。

花語書籍變成了送給年輕女孩們最暢銷的聖誕節禮物。精美的扉頁裡有手工著色的版畫、日曆、算命遊戲、鍍金的頁邊等。有些精裝版甚至帶有紫羅蘭的香氣。許多版本的封皮還用新開發的緞布裝訂，美不勝收。法國最早的花語書籍是為上流階層用盡想像精心製作的，但隨著這股潮流越加盛行，這些刊物也為中產及勞工階級的市場而開始大量生產。

花的占卜術

莎拉・瑪優的《算命花仙》（1846）提供了一個占卜遊戲，讓人聯想到現代中學生最愛的預言遊戲 MASH[39]。問卜者先選出五種不同的花，而「算命仙」會根據書中指示將組合起來的花束意義詮釋出來，藉此預示該問卜者的命運。每一種花都有與其相對的一個文學引句，用以回答瑪優的五個問題中的一題。例如，一束含有白色矢車菊（White Bachelor's Button）、藍色長春花（Blue Periwinkle）、紫菀花（Purple Aster）、黃色木槿（Yellow Hibiscus）、和紅色百日菊（Red Zinnia）的花束，依據瑪優的闡述，會透露以下的故事：

⟲ 描述你的個性：
白色長春花

「能賣就賣；你的行情不好。」——莎士比亞

⟲ 我的愛情是，或將會是，甚麼狀況或性質？藍色長春花

「一個心志堅韌的女子，在你浮濫的愛裡，溫柔又癡情。」——渥茲華斯

⟲ 我在人世的財富是，或將會是，甚麼情況？紫菀花

「雖然身無長物，但有豐收的愛情。」——柏恩斯

⟲ 我大半的人生會在甚麼樣的場景裡度過？黃色木槿

「一座廢棄的老宅裡。」——胡德

⟲ 我未來的伴侶是甚麼個性？紅色百日菊

「他只不過是一個山水畫家。」——丁尼生

花的詮釋者

流行雜誌《高迪仕女書》[40]的編輯莎拉·約瑟法·黑爾曾被視為白人中產階級品味、風格、與道德觀方面的權威。她的書《花的詮釋者》於1832年出版。黑爾是一名廢奴主義者；她雖深信婦女教育的重要，但其實是反對婦女投票權的。她對白人婦女在家庭領域所能發揮的「隱密且沉默的影響」十分感興趣。思及她在當時的文化和媒體環境裡所擁有的權勢和地位，這樣的觀點相當出人意料。

我們今日所知的美國節日感恩節的發明，絕大部份要歸功於黑爾。意會到美國國內湧動的緊張局勢——不久即導致了內戰——黑爾相信一個全國性的慶典或許有助於那些意見不合的人士團結起來。但她不是待在家裡將這個主意當枕頭風吹進男人的耳朵裡；相反，她在1846年開始鼓吹這個節日，向每一任在位的總統請願直到1863年林肯終於同意定下了這個國家節日。黑爾利用她的雜誌作為她向大眾推銷該觀念的平台。致力於美國早年殖民者和原住民的一個修正主義者的狂想歷史，她的遠見是向大家提倡使用一張長桌，在桌尾放一隻大火雞，還有南瓜派。

在維多利亞時期，植物學似乎是與宗教並不衝突的一門科學。查爾斯·達爾文的進化論，以及其他可能曾被宗教讀者排斥的先鋒理念，在這些植物學及花語書籍裡幾乎是不存在的。在英國和美國，喜歡閱讀基督教的花卉道德書籍的讀者群越來越龐大，甚至有一個小派系的宗教人士為了傳教的目的而採用了花語。對那些心靈平安受到科學進步威脅的人們而言，這麼做被認為是一種安全且令人振奮的方式。有些人只是簡單地將花朵分送給窮人和病患，藉由這樣的「花卉佈道」來傳播福音。他們覺得這是上帝的語言，可以鼓舞那些受踐踏的人從貧窮中站起來，成為虔誠的基督徒。

許多花語辭典所提供的象徵其靈感都是來自植物本身的特點，如顏色、形狀和氣味等。民間傳說和神話故事對加諸在每一個品種的隱含價值也有重要的影響。例如蓍草（Yarrow），花語專家將它與「戰爭」連結，因為它所製成的藥膏在戰場上被用來治療傷口。毛蕊花（Mullein）與健康產生關聯則是因為貴格教派的婦女；她們不被允許使用化妝品，於是她們便將毛蕊花當作違禁的美容工具，給自己創造一個漂亮的臉色。用毛蕊花的葉子摩擦自己的臉頰，會造成一種過敏的反應，讓她們的臉色看起來紅潤有光澤。

許多花語書會用大量篇幅來解釋花卉的原理及如何「閱讀」花語的提示。例如萬壽菊（Marigold, 象徵「絕望」），將它別在秀髮間或帽子上，令人想起受困擾的心靈；但作為胸花別在左胸口，它訴說的則是愛的傷慟。

一枝倒置的花莖所傳達的是對情感的一個否定。例如紅色鬱金香（「愛的宣言」），顛倒過來呈現時，它所吶喊的就是「恨的宣言」。想要表達一周的某天、月份、或一般數字時，也有複雜的方法論。你可藉由仔細的將花莖排列起來，每一枝花莖上帶著特定數目的葉片和漿果，來傳達這樣的訊息。使用葉子來給提議的約會設定日期是有風險的作法，除非你非常確定與你通訊的對象所參考的是哪一本花語指南。

柯克蘭夫人（C. M. Kirkland）所撰寫的《花的語言和詩詞》（*The Language and Poetry of Flowers*, 1884）提供了一系列用來傳達特定訊息的花束建議。根據柯克蘭的描述，一束含有豌豆花（Everlasting Pea）、夜旋花（Night Convolvulus）、和勿忘我（Forget-Me-Nots）的花束所表達的是：「晚上與我碰面，切勿忘記。」以此方式，年輕戀人便

可掩人耳目，瞞過他們的監護者，悄悄地互相交換花束。

柯克蘭的其他一些花語詩詞如下：

「莫忘了我們的約會，但小心身邊有壞朋友。」
「我很溫和且情緒低落，請勿拒絕我。」
「謙卑、柔順、與真誠，贏得了我只給你的愛。」
「你善變、輕率、又做作；因此，沒人喜歡你。」

在北美，花語的興起與柯克蘭夫人這樣的白人女性作家和編輯們的上進心脫不開關係。在兩本花語書——桃樂西亞・迪克斯欺的《花之冠》（*The Garland of Flora*）及沃爾特夫人的《花語辭典》（*Flora's Dictionary*, 早年出版時用的筆名僅是「某位夫人」）——於1829年進入美國後，花語書籍便在這個國家流行起來。

沃爾特夫人（E. W. Wirt）一開始是將自己手寫的複製本送給一些朋友，而其中一本落到了對此有興趣的出版家手裡。出人意料地，此書大獲成功。與傳統上一般會被納入花語書籍的花卉不同的是，沃爾特將美國東南部土生土長的花卉，例如美耳草（Houstonia）和秋麒麟（Goldenrod），也加入了她的清單中。書中的插圖都是她自己畫的，在某些版本中甚至還會附上空白的粉筆頁，讓讀者也能書寫自己的筆記或嵌入其他插畫。

《花語辭典》中也包含了許多「我」和「你」這樣的陳述，而這鼓勵了接到花語訊息的人送出花語回覆。一朵意味著「妳是所有可愛的化身」的奧地利玫瑰可能會收到一枝白色捕蟲草（White Catchfly）作為回覆，意思是「我落入了妳為我所設的陷阱。」換個場景，幾朵紫色三色堇（Purple Pansy）象徵的是「我想念你」，而它們可能啟發對方送來紫露草（Spiderwort）作為回禮，其意：「我敬重你，但我不愛你。」

十九世紀時隨著花語定義的擴增和花卉詩詞集的大量出版，植物學被認為是一種細緻高雅的嗜好。在冊子的扉頁裡保存花朵做成植物標本集，是很流行的業餘愛好也是欣賞上帝傑作的一種純真方式。押花可以作為植物研究來觀察，或作為與大自然邂逅的日誌來持有。許多歷史名人，如海莉雅特・比雀爾・斯托伊[41]、艾蜜莉・狄金森[42]、和弗羅倫斯・南丁格爾[43]等，都有她們為自己建立的大量收集。

這幅包含了水仙花（Narcissus）、深紅色天竺葵（Scarlet Geranium）和萬壽菊（Marigold）的手繪插圖，轉譯後其花語是：「你的自戀和愚蠢激發了我的同情」；插畫者為亨莉耶塔・杜蒙（1851 年），圖片取自生物多樣性歷史文獻圖書館，由康乃爾大學提供。

非洲花卉

許多最風行、最受信賴的以花為主題的書籍都向讀者宣稱說，在沙哈拉以南的非洲地區沒有花卉文化。這個認知一直受到歷史學家和考古學家的強調，且被視為是區分非洲文化與歐亞文化的一種方式。這個理念源自一個假設，那就是這塊大陸其乾旱、寸草不生的土地和貧困的經濟無法支托一個廣泛深遠的花卉文化，而且在非洲人眼裡花卉只有營養和醫療價值。這種籠統的概括性陳述怎麼可能是事實呢？這片廣袤的土地也具有文化上和地理上的多樣性，單單南非就找得到22,000種土生土長的花卉品種。

烏干達王子也是考古學家兼作家的阿其其·尼阿龐果博士（Dr. Akiki Nyabongo）對改正這個錯誤觀念特別熱衷。他來自布尼奧羅王國[44]，在那裡花卉不僅用來做裝飾和香水，也用做文化上的比喻。在1937年，尼阿龐果收集了三百種據知擁有象徵意義的花卉。次年，他出版了一篇叫做〈花語〉的論文，詳細描述了這個古老的傳統。愛、恨、贊同、和非難等各種信息，皆可透過花、葉、樹枝、和石頭等作為禮物向對方傳達。例如，開著白花的非洲文竹（Asparagus Africanus）據說傳達的便是：「你是長在路邊的春桃玉（Puberulus），抓在每一個路過者所穿的樹皮布[45]上，而我也會抓住你的愛。」

合作型的友誼集冊——一種流行的剪貼簿——通常充滿了與植物相關的主題。這種有創意地從事社交消遣的機會多半是白人女性才享有的，但現存的集冊中也有一些完好無損的由非裔美籍女性所製作完成。那些誕生在中產階級、雙親未受奴役的家庭裡的年輕女孩，也可能會在特別的日子裡收到集冊作為禮物。費城的瑪莉安·狄克森在1833年她十一歲時便開始建立她的友誼集冊。她的集冊裡充滿花卉的水彩畫和以她在花語裡發現的象徵所寫成的詩詞。這是非裔美籍女子能夠以合作的方式記錄她們的個人感受並探索如美德、純真、和貞潔這些價值的一個方式。

作為一個經常被瑣碎化為「女性愛好」的主題來看，美國的花語書籍卻都是由歷史上地位重要且聲名卓著的女性執筆的。編輯莎拉·約瑟法·黑爾在文化和媒體界都有舉足輕重的地位。身為護士的桃樂西亞·迪克斯則為精神疾病患者的權益奔走爭取，並建立了美國第一代精神病院。編輯兼作家柯克蘭夫人因撰寫有關邊境生活的書而獲得許多讚揚。這些女性在各種政治面向和信仰上所擁有的地位印證了十九世紀的進步及其反作用之間的張力。

到了1830年代，花語辭典在法國、英國、和美國已經蔚為一個既定的風潮。雖然花語經常被視為「維多利亞時期」的產物，但女王卻是直到1837年才登基的。維多利亞女王與艾伯特親王是一對摩登的皇家夫妻；他們不但對時興的花園風格很感興趣，且將景觀設計作為一種工具，用以表達皇家的權力、財富、和對大自然的支配。艾伯特親王在1851年親自策畫的水晶宮博覽會[46]，便是讓英國大眾接觸異鄉植物和花卉的第一次重大活動。蒞臨那個世紀中葉盛大展覽會的訪客包括查爾斯·達爾文、夏洛特·勃朗黛和路易斯·卡羅等。曾經獨占鰲頭的丘園面積被擴大，勞工階級也被鼓勵來參觀欣賞。

人們認為植物學是女性唯一能夠被接受且從事的科學研究，而這導致一大票女性進入此領域。許多女人抓住了這個機會為自己揚名，並收集大量的植物標本，最終造就了一個植物學和植物插畫蓬勃發展的大時代。即使她們很少被專業領域接受，這一代的女性卻為花卉植物描繪出大量細膩的圖畫，而她們的創作不僅有助科學向前邁進，也幫助定義了這個世紀。

追求這門科學的女性通常是植物學家或植物插畫家的

女兒或妻子。如果她們有幸得到父兄的支持，她們便可以獲得這方面的訓練。女性被雇用通常是因為她們所提供的勞力明顯廉價許多，而且她們當中很多人的重要貢獻從未被認可過。獲得讚揚的通常是她們的丈夫。有時候，這些女性只能匿名發表，然後被遺忘。儘管傑出的植物學藝術多半是由熱衷此道的女人所推動，但女性植物藝術家卻通常默默無聞地工作，且絕大多數不受批評家重視，甚或被輕視。

格蘭威爾的《花樣女人》（1847）是當時氾濫的出版風潮的一個諷刺插畫作品。圖片取自生物多樣性歷史文獻圖書館，由美國蓋提研究中心研究圖書館提供。

自我貶損在維多利亞女性所出版的書中扉頁裡四處可見。首先，她們對自己寫了一本書的自負深感抱歉。即使是安妮・普拉特[47]——同時代最成功的女性植物藝術家之一——在《花與花的聯想》（*Flowers and Their Associations*, 1840）一書的序裡，也訴請道：「希望本書的內容不會讓人覺得無法接受。」在沃爾特《花語辭典》的序裡，她同樣迫不及待地自謙說：「這本微不足道的幻想戲作，絕不敢奢想能造成任何嚴肅的影響。」

格蘭威爾[48]在1847年所出版的書冊《花樣女人》[49]（*Les fleurs animées*）是一本對這股花語狂熱的諷刺之作。他以各種盛裝打扮的仕女來體現不同的社交場合裡的各種特別的花卉，例如手裡握著帶刺權杖的玫瑰花蕾女王統領其麾下的眾多甲蟲百姓。其中一章的標題竟是：我們所展現的花語，足可讓一個男人丟了他的鼻尖。

還有一系列衍自花語書籍的書，專攻植物算命法。人們總是在尋找令他們安心的預言來撫平生命中之未知所帶來的苦惱，尤其與心靈相關的事務。無論是透過塔羅牌、星座、或神奇八號球[50]，我們都想要答案！不出意料，花卉算命遊戲在整個十九世紀大受年輕女性的歡迎。其中一個到今日仍被廣泛使用的就是經典的雛菊花瓣遊戲，就是一邊扯掉花瓣，一邊重複交替地問著：「他愛我，他不愛我。」

儘管這個時代充滿假道學，改變的氣息仍瀰漫在空氣中。1848年在紐約州塞內卡瀑布城參加了第一屆女權大會後，艾蜜莉亞・詹克斯・布盧默[51]因受其啟發而開始投入這個運動。她相信女性分享政治觀點的最佳管道是透過書寫文字（而非一般咸認女性不適合的公開演說），於是她開始出版報紙。這份叫做《百合花》（*The Lily*）的報紙被認為是美國第一份由女性擁有，也是由女性運作的刊物。它的報導專注在例如禁酒、婦女權力、婦女投票權、及服裝改革等這方面的議題。它的許多投稿人都是她在女權大會上認識的深具影響力的女性，如蘇珊・安東尼[52]和以筆名「向日葵」發表文章的伊莉莎白・卡迪・斯坦頓等。

十九世紀中葉時，激進女性如斯坦頓、安東尼、和布魯默等開始試驗服裝改革的可能。「自由服裝」，也稱為「土耳其式服裝」，其組合就是在一條及膝的長裙下穿一條燈籠褲[53]，與中、南亞女性所穿的「沙爾瓦卡米茲」（Shalwar Kameez）頗類似。布魯默在《百合花》上推廣這種新的穿著，後來這個深受詆毀的燈籠褲就被戲稱為 "Bloomer"。

維多利亞時
的女性和

虎皮百合（Tiger Lily），
插畫者：普莉斯拉·蘇珊·貝
瑞；取自《自然序百合科六雄蕊
植物選》（1831-1834）。圖片
取自生物多樣性歷史文獻圖書
館，由密蘇里州植物園提供。

Of all hues, Celestial, Roseate, and gold
And glittering in elegant Splendour, behold
The LILIES, a race to whom Nature has lent
All her Loveliest charms, of Form, Colour and Scent.
With so many pleasing allurements endowd
And by so many light-winged Votaries wooed,
That through all the wide circle of Flora's domain
Where the Lover, & the finnces so constantly reign,
What Tribe can be found so varied, so faire,
Whose flowers are so Noble, whose Painting so rare.

期
植物插畫

珍‧威爾斯‧韋伯‧勞登[54]寫作了幾本流行的園藝手冊並親自為自己的書畫插畫，如《女性園藝指南》（*Instructions in Gardening for Ladies*, 1840）、《女性的觀賞球莖植物花園》（*The Ladies' Flower-Garden of Ornamental Bulbous Plants*, 1841）等。她最早的出版著作之一是一本叫做《木乃伊》的科幻小說。作為此類小說的先鋒範例，勞登的故事發生在2126年，裡面充滿富有創意的預言，例如濃縮咖啡機、空調、早期網路、以及穿著褲裝的女性等。

　　儘管是位不可否認的天才，奧古斯塔‧茵妮絲‧威勒斯[55]卻在申請成為丘園的植物畫家時，只因為身為女性而遭到了拒絕。威勒斯夫人（她所有作品都以此署名）曾經教阿德蕾德皇后[56]畫畫，後來維多利亞女王購買了她的一本素描畫冊，並指派她當花卉與水果的常任畫官。儘管有這些榮譽，她晚年卻極度貧窮，默默無聞地死在倫敦的一間精神病院裡。

　　植物學家兼插畫家普莉斯拉‧蘇珊‧貝瑞[57]的作品被認為是其同時代中最傑出的畫集，擁有一群忠實的訂戶，包括約翰‧詹姆斯‧奧杜邦[58]。她在1831年出版的《六雄蕊植物選》的序中很謙卑地說她自己「仰賴的是比她更有能力、更有學識的同行前輩或欣賞植物研究的慷慨讀者所給予她的寬容和善意；他們可能在被誘導下惠顧了一個門外漢的不成熟嘗試。」

由奧古斯塔‧茵妮絲‧威勒斯的插畫（1827-1828）製作出的手繪版畫。圖片取自「維基共享資源」，由皇家園藝學會提供。

如同花語，此風格也是受到土耳其文化的啟發。東方情調的裝飾品，如流蘇、半月型胸針、色彩鮮豔的刺繡、甚至頭巾等，都是令人垂涎的飾品。這些事物興起的時代正好是英國、法國、和撒丁尼亞聯手保護奧圖曼帝國免於蘇俄入侵之時。也許是因為當下那個聯盟所引發的大眾情懷，人們對土耳其文化的好奇心也被勾動了起來，雖然當我們思考到東方對歐洲的影響時，其背後其實有一個更大的故事。

在鎖國兩百多年後，日本於1853年重啟與歐洲的往來與貿易。忽然從日本進口而來的陶瓷器、紡織品、扇子、和工藝品等，在歐洲風靡一時。透過東印度貿易公司歷經幾百年的密集貿易和強權行為後，英國皇室在1858年掌管了印度。不久，維多利亞女王給自己增加了一個「印度女皇」的頭銜。到了世紀末，美學運動中那些具藝術氣質且浪漫不羈的女人們開始穿著靈感來自和服的「茶袍」[60]，而東方主義的影響也在所有的西方藝術學門裡出現蹤跡。

當法國人的興趣逐漸轉向星象學、神鬼論、顱相學[61]、及占卜家的預言時，花語熱潮開始從法國消退。不久，英國和北美曾有的花語盛況也漸趨勢微。這股風潮的衰竭與幾個文化的變化同時發生。達爾文的《物種起源》於1859年出版，電話在1876年發明，而爭取婦女權力的抗爭在1890年代之前早已經如火如荼地展開。

在十九世紀末，全球主張婦女應有投票權的人士選擇花卉作為他們的標誌。紐西蘭人戴上山茶花來表達對此事件的支持，而1893年時他們成為了第一個完全認可婦女投票權的國家。英國的支持者選擇了紫羅蘭。當蘇珊‧安東尼和伊莉莎白‧卡迪‧斯坦頓在坎薩斯州從事運動時，她們採用了該州的州花並戴上了向日葵別針。在田納西州的關鍵一役期間，支持者戴著黃玫瑰，而反對者則戴著紅玫瑰。時至今日，蘇珊‧安東尼的墓碑上仍貼滿了「我投票了」的貼紙以及仰慕者所獻上的一束又一束的向日葵。

英國支持婦女投票權的女子善用了公眾對女性文雅的信賴，將之作為她們集會或進行活動時保護自己免於警察粗魯對待的一個方式。活動分子在佈置會場時，會將裡面藏有帶刺鐵絲網的插花擺設放在戰略性的地方。穿戴著大帽子及當時稍嫌笨重的女性服裝，那些秘密受過柔道訓練的女子會特別守在那些花卉佈置附近。要是有警察或其他想挑釁的男子往演講者衝過去的話，她們就會抓住他、用力把他往那些有

到了1880年代，花語的潮流逐漸消退，《花語》，作者：凱特‧格林威[59]。圖片取自生物多樣性歷史文獻圖書館，由史密斯松尼圖書館提供。

尖刺的花束甩過去。

　　隨著女人發現了新的自由並轉入新的領域，對較保守、如花般的女性的描繪似乎興盛了起來。許多畫家，如約翰·辛格·薩金特[62]和詹姆斯·惠斯勒[63]就喜歡畫含情脈脈、面貌溫順，彷彿她們是柔弱的花朵般的女性。這個迷人的形象雖夢幻卻也在堅定地提醒世人女人的地位：她們是細緻嬌弱的生物。

　　這個浪漫美學在美國和英國是慢慢式微的，但在法國則快速退潮，幾乎嘎然而止。到了十九世紀末，文化變得比較集中於城市，而女性將植物學作為一種嗜好的熱衷也逐漸消失了。

　　凱特·格林威在1884年出版的《花語》一書給這個情感豐沛的花卉潮流劃下了句點。她的插畫也包括了插在可愛的籐籃裡的盛開花卉，但它們的數量遠少於那些畫著跳舞的小天使、曬著太陽身穿淡色服裝的仕女、哭泣的孩童、甚至繫著粉紅色緞帶狗鍊的小狗的圖畫。這本書頁數可觀，所畫的花卉栩栩如生，閃耀著豐富的寶石色調，這樣的外觀和調性已經與此潮流剛開始時的風格相距甚遠。儘管如此不同，作為最後一本值得注意的出版物，這本書仍然為自己博得了名聲和地位，不僅持續受到讀者歡迎，且多年來再版不斷。

歐洲藝術家深受他們在十九世紀時接觸到的日本藝術的啟發。《明朝花卉蟲鳥寫生集》，大岡春卜[64]，1812，大都會藝術博物館。

根源

　　為何人們對來自另一個時代的習俗如此感興趣？維多利亞時期連結了古代和現代，這是很容易理解的。它是一個發生了巨大成長和轉變的時代。我的家鄉多倫多建於十九世紀，而如今尚矗立的、早於1800年——且僅在那之前六年——的建築物卻只有一棟。我自己的猶太祖先們在各種不同的地方度過了十九世紀。其中一半散佈在整個摩洛哥（有些甚至住在洞穴裡），另一半則住在白俄羅斯和奧地利的城市和猶太村裡。他們不太可能聽說過花語，除了住在奧地利的那些，因為那裡有德語的花語辭典。

　　我成長的環境充滿來自摩洛哥——我父親的家鄉——的儀式和迷信。我還記得我手掌上塗著用指甲花汁液調製的染膏，以及我姑姑的嚎叫聲。用會開花的埃及水蠟樹（Privet）做成的指甲花染膏有象徵功效，人們相信在這個暫時性染劑逐漸滲入皮膚之時，幸運和保護也會隨之被轉入。或許這就是我對情緒分類學著迷的起點。結合情感意義和大自然元素的文化習俗一直啟發著我。

女人與花

在十九世紀和二十世紀初，懂得利用植物知識的女性範例很多。那些知識傳自她們的母親、祖母、及更廣大的社群，幫助她們成為了先驅。

蘇珊・拉芙萊斯・皮科特
（Susan La Flesche Picotte, 1865-1915）

拉芙萊斯・皮科特結合了她奧瑪哈族[65]的傳統治療術和西方醫學。1889年她從醫學院畢業，是美國第一位擁有醫生執照的原住民女性。

海莉特・塔布曼
（Harriet Tubman, 1822-1913）

被譽為「英勇的廢奴主義者」的塔布曼，是自然主義者，也是藥草師。在她藉由「地下鐵路」[66]幫助七十名受奴役者逃向自由的十三次任務中，她善用她的植物知識來觀察環境、安撫嬰兒、尋找食物、以及解痛和清創等。藥草的使用在農場上被嚴格禁止，以防受奴役者用這方面的知識來毒害奴役他們的人。這個智慧是由塔布曼的祖母暗中傳下來的。

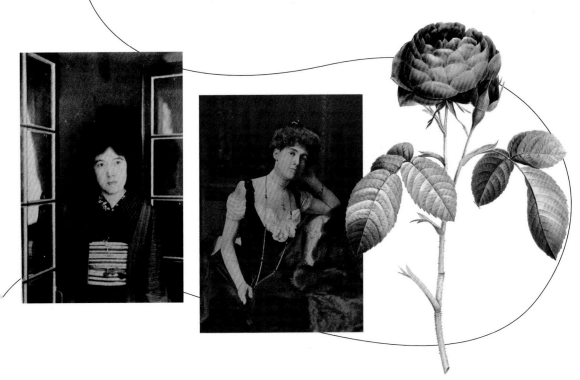

與謝野晶子

（Akiko Yosano, 1878-1942）

　　1878年出生於日本大阪的與謝野晶子是著名的女性主義作者，以擅長使用花卉意象而聞名。她的第一本書《亂髮》因對女性情慾的直接描述而轟動一時。這本用日本古典短歌[67]寫成的著作是同類作品中第一個敢於提到「乳房」這兩字的書，也因此打破了傳統寫作的藩籬。與謝野這本公然描述女性性解放的書，不但深具革命性，更顛覆了傳統認為女性應該謙虛矜持的形象。她在1910年與人合著出版了日本第一本花語書Hana（《花》）。

伊迪絲·華頓

（Edith Wharton, 1862-1937）

　　眾所周知，伊迪絲·華頓喜歡在她的小說裡使用花語象徵，尤其在《純真年代》（The Age of Innocence）這本書裡。這本小說出版於1920年，故事裡的男主角紐蘭·阿契爾會用花束向他生命中的女人傳達情意；藉由這個動作的細膩描述，華頓成功地運用了花語的象徵意義。華頓自己有一個情人，威廉·莫頓·富勒頓[68]；在他們的書信往返中，他們經常交換植物做成的紀念物。據傳，她甚至將一朵花的嫩莖壓在日記的扉頁裡，以紀念他們第一次發生性關係的日子。

葛楚·史坦

（Gertrude Stein, 1874-1946）

　　由於文化變遷，花卉有時候會被認為瑣碎、不重要。這個矛盾的調性在葛楚·史坦的指標性詩作〈神聖的愛蜜莉〉（Sacred Emily）裡被完美地雋刻下來：「玫瑰是一朵玫瑰是一朵玫瑰是一朵玫瑰」。既然沒有一朵特定的花有其絕對的、原始的意義之來源，而且也因為有太多意義互相矛盾，那麼或許它根本就毫無象徵意義可言。但是不然。在親密的溝通以及較大型文化運動的發展裡，花一直扮演著重要的角色。

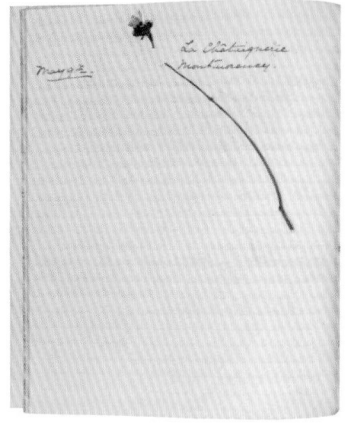

伊迪絲·華頓的日記其中一頁，圖片由印第安那州，印第安那大學，布魯明頓校區，莉莉圖書館提供。

在檔案庫和圖書館裡爬梳佈滿灰塵的舊書時，你偶爾會看到令人振奮的奇怪的植物紀念物被保存在扉頁之間。我曾經因某些珍藏而驚喜不已，例如被細緻地壓在書裡的從薇拉·凱瑟[69]及其伴侶伊迪絲·路薏絲的墳頭採下來的野花嫩莖，或是一片夾在一本有三百年歷史的聖經裡的葉子。十九世紀留傳下來的美麗的植物標本室裡常含有被小心地釘在紙上或用細薄的紙膠帶黏住的花卉樣本。每一朵花都貼著標籤，上面依據創作者的目的而標記著個別或科學上的訊息。小心地翻閱那些脆弱的書頁，看那些花經過兩多百年仍保持得那麼完美，真叫人驚奇。

受到這些收藏的啟發，我決定也開始我自己的花卉日誌。為了鼓舞自己因憂鬱發作而低落的情緒，我開始剪下花朵（可行的話）來紀念一整年中的重要事件。我做押花並將每一個植物與一個事件連結起來做成紀錄。那一年有許多值得紀念的日子：婚禮、喪禮、一次西班牙旅程、抗議、簡單地在社區裡散步、和我的四十歲生日。除了做日誌所能提供的益處外，隨時注意色彩繽紛的花朵的忽然迸現也對我有極大助益。我腦海裡總想著花。即使這樣的實踐跟花語的象徵並沒有直接關係，它卻加強了我跟花卉的連結以及它們對我的意義。

有時候，某種特別的植物的意義可能與一個獨一無二的親密或特殊的回憶有關。我在剛結婚那段期間經常在農民市集裡收到一捆又一捆的尤加利葉，因此我就一直把它視為我與丈夫間專屬的葉子。我們最甜蜜的其中一個下午，兩人只是無所事事地躺在草地上，看著頭頂上的木蘭樹枝椏。從此我總是宣稱，木蘭樹是「我們的樹」。

我丈夫喬治很懂得怎麼送花。有一回他送給我幾朵很特殊的從西雅圖派克市場[70]買到的酒紅色牡丹和粉紅色魯冰花。他在從西雅圖返回布魯克林的長途飛行中就這麼一直抱著它們。年輕時，我經常收到悲哀的、最後一刻緊急購自街角花店的快枯萎的花束；送花的情人原本是懷抱好意的。其實花不需要昂貴或稀有，但它們一定要是活的！如果半枯萎的花束是唯一的選擇，那麼我建議你將它們拆開，只送那幾朵尚有活力的，其他的丟掉……不然，不如送巧克力吧。

我丈夫家族的一個朋友，曾被贈與一本我在2015年時自行出版的花語辭典，從此他便與我展開了通信。在我們的手寫書信裡，我們討論了各種話題，但逐漸地，甚至在我們自己都沒有察知的情況下，我們在信裡會附上許多額外的信息。小心選擇的花卉郵票組合或拼貼的明信片，成了我們會跟彼此分享的密碼備忘錄。在造訪舊金山的一次行程中，我終於受邀與他見面。他屋子裡的藝術裝置都是狂想的體現，例如用熱膠黏貼的芭比娃娃做成的吊燈顫巍巍地垂掛著，而壁爐架是從經典男同性戀裸體雜誌撕下來的紙頁以膠帶黏成的拱型彩虹。他準備的午餐令人讚嘆，所用的食材都是我的辭典裡所列的可食花卉和植物。每一道菜所呈現的都是主人引人瞠目的絕佳鑑賞力。那道叫做「啟人疑竇！」的灰色肉湯嘗起來有一種古怪的味道，但整體經驗卻是我收到過的最可愛的禮物之一。

我從婚禮、喪禮、西班牙旅遊、抗議、在社區裡散步、以及我的四十歲生日收集而來的植物紀念品，全都用檔案壓模保存起來。

「食花」是我的藝術作品裡反覆出現的主題。它是探索脆弱這個題目的一個方式。在某次特別的錄影裡，我給幾個小花籃裝滿了來自有機農場以及花店和雜貨店的花卉。每一種花所象徵的意義對我而言是很重要的，而我想像那支影片應該算得上是一首植物詩歌，在影片中我會對著鏡頭吃掉其中一些花。我開心地與不同的花玩耍著，用上下兩排牙齒將三色菫折疊起來，或大口咀嚼著一朵萬壽菊。接下來，是一支優雅的馬蹄蓮。我咬了一口，然後臉部便扭曲起來，因為我立即知道那個花有毒！當我用水漱著我灼熱的嘴巴時，我的朋友瑞秋開始在她的手機上搜尋，她發現網路上的訊息說，馬蹄蓮不僅有毒，而且是致命的毒！原來那種花含有不溶解的顯微結晶，會刺傷舌頭、牙齦、喉嚨組織等，造成疼痛和腫脹。我覺得我應該會好轉，但仍然對她說：「我若是不慎掛掉，請幫我完成一個願望，請讓大家知道我是為了藝術吃了一朵有毒的花而死的。」

滿天星（BABY'S BREATH）

不知怎麼地我們的集體想像將維多利亞時期的花卉美學限制在一種比其真實面貌更像蕾絲邊、顏色也更像彩色粉筆的美感上。人們喜歡豐富的色彩，而三條樹枝、一串水果、及組和的花葉等，都是引人注目的插花設計裡的慣用元素。一個主角花飾，其周邊再加上細緻的季節性花卉，如紫羅蘭、勿忘我、和吊鐘花等，這樣的插花設計基本上只能維持一個晚上。賓客們都理解，與晚宴主人分享一個花藝設計其轉眼即逝的奢華，是一種榮耀。時至今日，人們覺得切花最重要的屬性之一是：持久。枝條長且健壯的花卉從全球各地進口而來，它們不僅受到歡迎，且隨處可購得。同一瓶當代鮮花若具有持續一星期的價值，那麼對於晚宴的熱鬧繽紛而言，當然是錦上添花的事。

就如同現代時尚的變化多端一般，花卉潮流在十九世紀時也是不斷自我更新的——大約每隔二十年。例如菊花，原本是一種昂貴且很難照顧的溫室品種，曾經最受富人的垂涎。如今它們已是最便宜的花卉之一，不再高不可攀。

所以，這本辭典裡為何找不到滿天星呢？這個無所不在噴霧狀且強健的白色小花，在維多利亞時期根本不算是一種東西。當時名字叫做肥皂草（Soapwort）的圓錐石頭花（Gypsophila），到了該世紀末時才有了滿天星這個俗稱，而也差不多在那時這種花才被當作園藝花卉栽培。當時它還未被用在花束裡當填補空間的襯花，當然也就沒有被含括在花語辭典裡。

網路上充滿了互相矛盾的花語象徵，尤其是那些被視為維多利亞時期的花語意義。有太多的花語被浪漫化了；熱衷此道者將每一種花都塞入了稀有現象的行列中，並賦予那些花卉各種不同的意義。花語專家經常將出自十九世紀的負面聯想刪除，然後代之以最令人愉悅（且最適合行銷的）象徵。

今日最受歡迎的許多種花卉都並不存在於維多利亞時期的花語辭典中。有些新花，如下頁所列的，似乎已發展出了逐漸被接受的象徵意義。隨著傳統繼續演進，將某種意義歸屬於某種花，是有諸多原因的。

水仙百合 (Alstroemeria)

奉獻；強健的友誼
又稱為祕魯百合 *(Peruvian Lily)*

滿天星 (Baby's Breath)

永恆的愛；純潔
又稱為肥皂草 *(Soapwort)*，圓錐石頭花
(Gypsophila)

貓薄荷 (Catnip)

貓般的魔法；陶醉；擄獲某人的心

紫錐菊 (Echinacea)

心靈戰士；力量與健康

藿香薊 (Floss Flower)

禮貌
學名，*Ageratum*，又稱為藍蜻蜓 *(Blue Mink)*

小蒼蘭 (Freesia)

永恆的友誼；純真

蛇鞭菊 (Liatris)

幸福；快樂；欣喜
又稱為馬尾花 *(Gayfeather)*，紫色撲克花
(Purple Poker)

桔梗 (Lisianthus)

賞識

橙玫瑰 (Orange Rose)

謝謝你；恭喜；熱衷

桃色玫瑰 (Peach Rose)

感激；誠懇

紫色玫瑰 (Purple Rose)

魅惑；帝王威嚴

海濱刺芹 (Sea Holly)

吸引力；獨立

葵百合 (Stargazer Lily)

財富與繁榮

蠟花 (Waxflower)

永恆的愛與成功

必須謹記在心的是，並非所有的花在同時間都可買得到。你可以確定幾乎所有的花店都會有各種顏色的玫瑰、康乃馨、百合等；但是，一支漂亮的開滿櫻花的樹枝卻除了春天外，在其他任何時間都不大可能出現在市面上。

如何使用花語辭典

有意義地使用花語辭典的方式很多。花語並不一定一目瞭然，但它能啟發讀者在使用自然素材時變得有創意，並與他人產生連結。

當然，使用花語最經典的方式就是透過一束花來表達自己。當你送出具象徵意義的一束鮮花時，用一張簡單的卡片在上面細述那些花及其象徵（或附上一本辭典），一定會被感激地收下。因為讓禮物更彰顯意義的，正是那額外的舉動。另一個好處是，卡片會成為一個永恆的提醒；即便在花卉凋萎後很久，它仍能讓人想起花朵曾經的盛開和美麗。

如果你想安排一束精心設計含有強烈信息的花束，請從列出一張清單著手。第244頁的「情緒索引」精選了一些根據不同主題而設計的花束，例如調情、愛情、致歉等。你也可以直接到花店去，然後留意他們店裡當天提供了哪些花並查閱與它們相關之情感，再給自己編列一下能為你代言的花卉，然後從那裡開始進行。你也可以讓喜歡創意挑戰的花店主人參與你的計劃。這尤其重要，如果你是在網路或透過電話訂購代送花束的話。要記得跟花店主人確認，除了你特別要求的花卉外，他們不會任意添加其他。因為加上幾支可愛的鐵線蕨（Maidenhair Fern，象徵「謹慎」）來平衡一個意味著「慶祝孩子誕生」的插花設計時，未免顯得有點不倫不類。

雖然我的交友圈都知道我對這個題目的熱情，但我已經警告過我生命中敬愛的許多朋友們：如果我送他們花，我不會使用花語，除非我告訴他們我在那束花使用了花語！走進一家滿是鮮花美不勝收的花店卻發現那些花完全不適合你當日的花束所需時，那可真是一個嚴峻的挑戰。一束有兩支紫羅蘭的花束（意味「相互友誼」）在好朋友的生日派對上是一個情感的完美表達；但在她告別單身的送禮會上，你千萬要避開甜美的藍盆花（Scabiosa, 意味「寡居」）。

花語也可用在詩歌、視覺藝術、或其他創意設計裡來構築密碼訊息。也有一個選擇可替代插花設計，那就是花飲或花餐。在沙拉或蛋糕旁邊放幾片可愛的花瓣或整朵鮮花，能給食物添加色香味（務必確認你所選擇的花卉是食品級的！）。也許一邊啜飲一杯熱騰騰的洋甘菊茶，一邊思索「逆境中之能量」的象徵意義，可以助你勇往直前，突破一個困難的局面。

關於本辭典

《花卉》，紐約公共圖書館數位典藏。

本辭典所編列的花卉象徵都是從十九世紀重要且具歷史意義的出版物裡所收集來的。若某一種花卉有不同來源且定義相悖時，我會謹慎考慮並做出編寫上的決定，以呈現我認為最適當的象徵意義。為了避免混淆，某些英國花卉的通稱我會用它們在美國的名字來取代。列舉在每一條項目旁邊的軼事趣聞則觸及了各種題材，包括迷信、神話、無稽之談、全球歷史、以及全世界每個地區都曾有人使用過的植物醫學等。本書所描述的草藥醫學範圍頗廣，從行之多年且有效的治療法到明顯荒謬的都有。介於此兩極之間的，還有許多有用的配方。很多民間的治療傳統都被忽視，甚或詆毀，有些則曾經造成嚴重傷害。希望不久的將來，人們對這些傳統療法與其安全性會給予適當的研究。而我寫作本書的興趣則是在於探索人們不斷給花卉所帶來的的情感意圖與獨特的創造力。

在十九世紀，女人與花之間的比擬常被用來控制女人並限定她們在這個社會裡該如何表達自己。許多女性藝術家、作家、科學家、業餘愛好者等，都曾挖掘植物學裡的寶藏，然後圍繞著那些侷限聰明地發現並開展新的溝通方式。歷史紀載總是專注在那些權欲薰心的戰爭英雄和探索家身上；但是，每日生活中那些經常受忽略的親密細節，例如友情或浪漫愛情裡的儀式，又該如何表達呢？從不間歇的工作如撫育、治療、教導、發展語言等，都根植在付出關懷的行動中，以及，沒錯，偶爾的感性裡。女性文化是我們集體歷史中強大且重要的一部份。我將我的攝影圖像與十九世紀的植物插圖拼貼並置，就是想要藉此玩一些價值遊戲。那些銀色的手、嘴唇、和眼睛等，指涉了不同的表達形式。一朵盛開的花放在舌尖，是一個輕鬆愉快的「藉花表達」的方式。

在認同花卉的象徵意義之際，我們毋須將自己侷限在蒼白小花的謙遜有禮裡慚愧地低著頭。我們必須擁抱複雜性，要同時握住朱槿（Carmine Hibiscus）的細膩之美和起絨草（Fuller's Teasel）的厭世之刺。讓我們效法白芷（Angelica）受啟發而迸開的繁花，並呈現知更草（Ragged-Robin）的機智、落葉松（Larch）的厚顏、嘉德麗亞蘭（Cattleya Orchid）的成熟魅力、和一束黃色茴香（Yellow Fennel）的傳奇力量。

有沒有一種花可以完美描述你對生命中某個很特別的人的感受？若有，何不讓他們知道呢？

金合歡
（*Acacia*）

葭苕
（*Acanthus*）

側金盞花
（*Adonis*）

金合歡（Acacia）

友情

　　又稱為黃花相思樹（Mimosa）。會開花的金合歡樹是澳洲原住民的好朋友，幾千年來一直是他們值得信賴的食物、藥物、防水劑、和裝飾物等的來源。從樹皮萃取出來的單寧酸被用在皮革生產上，而樹材可以刻成有用的工具如迴旋鏢、長矛等。古埃及的醫學文獻「埃伯斯莎草紙文稿」[71]裡有一條建議：用棗子、蜂蜜、金合歡等調製成膏狀物，將之塗在羊毛上，然後塞入陰道，可作為避孕的一個方式。其毛茸茸的黃色花朵在澳洲有一個更為人知的名字，Golden Wattle。它也是著名的澳洲國花，澳洲人每年在九月一日都要舉行「金合歡節」（Wattle Day）慶祝它。

粉紅花相思樹（Rose Acacia）
典雅

大葉相思樹（Yellow Acacia）
秘密戀情

莨苕（Acanthus）

藝術

　　莨苕葉獨特的輪廓長久以來一直是視覺藝術的靈感之源。哥林斯圓柱[72]的石頂所雕刻的便是格式化的莨苕葉，而奢華的互相連結、旋轉的莨苕葉花紋，更是維多利亞時期織品設計大師威廉莫里斯[73]的創作中最具標誌性的圖案。

側金盞花（Adonis）

悲傷的回憶

　　俗稱紅色摩洛哥（Red Morocco）、血滴（Blood Drops）、雉雞的眼（Pheasant's Eye）。側金盞花據說是從神話中的美少年阿多尼斯（Adonis）的墳墓裡長出來的。希臘牧童阿多尼斯是愛神阿弗羅黛蒂（Aphrodite, 即愛神維納斯）的情人之一。而戰神阿瑞斯[74]因忌妒策畫了一場狠毒的野豬襲擊，藉此殺害阿多尼斯。阿弗羅黛蒂悲傷的眼淚與情人的鮮血融合在一起，從中開出了美麗的紅色花朵。為了給女神安慰，宙斯承諾側金盞花每年都會復甦盛開。

龍牙草（Agrimony）

感恩

　　莖梗細長，上面開滿鮮黃色小花的龍牙草，自古以來就因其療效而被廣泛使用。乾燥後的龍牙草可用來緩解多種症狀，包括輕微腸胃炎、疣等。盎格魯撒克遜人將龍牙草放入牛奶裡煮沸，相信這種調製的飲品能治療勃起功能障礙。

杏花（Almond Blossom）

希望

　　出現在光禿禿枝幹上的早開杏花，通常是春天來臨的第一個預兆。在聖經故事〈亞倫的神杖〉[75]中，上帝命令以色列十二支派中的每一支派拿出一種木杖作為決定其祭司責任的方式。當亞倫拿出他的木杖來代表其支派時，那木杖忽然盛開出花朵來並結出成熟的杏仁。上帝召喚亞倫出來當大祭司，並讓利未支派（The Tribe of Levi）在神廟裡承擔某些宗教的權力和責任。

杏樹（Almond）
輕率

蘆薈（Aloe）

悲痛；宗教迷信

　　眾所周知蘆薈是能夠減輕燒燙傷疼痛的舒緩膏，但它在人們面對痛苦的情境時被用來確保安全與平靜方面，也有很長的歷史。開羅的穆斯林和猶太人經常在他們住宅的出入口上方掛著蘆薈，以防止邪靈入侵。

莧米
（Amaranth）

蘆薈
（Aloe）

香雪球
（*Alyssum*）

龍牙草
（*Agrimony*）

孤挺花
（*Amaryllis*）

杏花
（*Almond Blossom*）

香雪球（Alyssum）

寧靜

　　香雪球開花時，一簇簇如雲霧般的小花有數百朵之多。Alyssum的字面意思是「不生氣」，希臘人相信吃下這種花，內心的憤怒就會平息。它也被用來治療被患有狂犬病的動物咬傷的傷口。

香薺（Sweet Alyssum）
超越美的價值

莧米（Amaranth）

不朽

　　俗稱尾穗莧（Love Lies Bleeding）、流蘇花（Tassel Flower）。紫色莧米在許多中美洲原住民的飲食裡一直都是一道主食，其歷史可追溯至公元前4000年。這個具有養分的花卉其散佈之廣一度不亞於玉米。在納瓦特人[76]中，它叫做Huautli，意即「最小的生命給予者」。它的小果仁可以像爆米花那樣爆開。有一道墨西哥甜食叫做 alegría（西班牙文，「快樂」）就是用爆莧米花和蜂蜜調拌而成。

美洲千日紅（Globe Amaranth）
不會改變的

孤挺花（Amaryllis）

驕傲

　　俗稱「裸體女人」（Naked Lady）。盛開時呈喇叭型色彩鮮豔麗的孤挺花長在一根孤零零的細梗上，在燭光下特別光彩耀人。原本只在春天及夏天出現的這種花，經常被迫在冬季時盛開，因為近年來它們已經成為很受歡迎的聖誕節禮物。

紫水晶花（Amethyst）

仰慕

　　紫水晶花的顏色（和名字）跟一種紫羅蘭色的石英非常相像。根據水晶療癒法的施作，紫水晶被認為在平衡情緒起伏方面有非常強大的力量。哥倫比亞的印加諾（Ingano）人會用紫水晶花的葉子做成民間藥物，例如用嚼爛的葉子塞在蛀牙周圍，以減輕牙痛。

銀蓮花（Anemone）

被摒棄

　　Anemone這個字從希臘文直譯就是「風的女兒」；它一般生長在高山地區，因此經常暴露於強風中。在埃及，銀蓮花被視為疾病的象徵，因為人們相信如果你吸入受到這種花污染的空氣，你就會生病。

野地銀蓮花（Field Anemone）
疾病

白芷（Angelica）

鼓舞

　　俗稱野芹（Wild Celery）。在十七世紀英國，一個宣稱天使長米迦勒對他顯靈的僧侶堅稱說，這種開花植物可以治療瘟疫。人們相信這個藥劑拯救了城裡所有人；為表敬意，便以「天使」（Angel）為這個植物命名。

白芷
（Angelica）

銀蓮花
（Anemone）

紫水晶花
（*Amethyst*）

蘋果花
（*Apple Blossom*）

大花曼陀羅
（*Angel's Trumpet*）

大花曼陀羅（**Angel's Trumpet**）

名聲

　　祕魯北部安地斯山脈的原住民部落裡的巫師，據稱在從事儀典和醫療占卜時，會使用大花曼陀羅。維多利亞時期的仕女會在她們的茶裡點一小滴用大花曼陀羅的花粉做成的滴劑，來獲致一種致幻的興奮感。然而，科學期刊一直以來都報告說，這種帶有毒性的花會讓人覺得極度不舒服，且可能包括精神錯亂和短暫瘋狂等。有一個極端的例子：有個年輕人在飲用了一杯這種茶後，割掉了自己的舌頭和陰莖。

蘋果花（**Apple Blossom**）

偏愛

　　約翰查普曼（1774-1845）──其更為人知的外號是強尼蘋果籽（Johnny Appleseed）──為了栽培這種果樹曾長途跋涉橫越整個北美洲。他在圍有柵欄的托兒所院子裡播下種子，然後將樹留給當地人，之後再固定回來檢視它們。然而，從種子栽培起來的蘋果樹不會長出適合食用的果實。查普曼的明確目的是為了將那些果實發酵。在十九世紀初的鄉間，蘋果酒比起酒、咖啡、或其他任何飲料包括水等，都更重要。在美國禁酒時期[77]的最後幾年，聯邦調查局乾脆將那些一直被用來製造含酒精飲料的酸蘋果樹全部砍掉。

蘋果（**Apple**）
誘惑

野山楂花（**Crabapple Blossom**）
劣根性

41

側柏（Arborvitae）

不變的友誼

俗稱獨木舟樹（Canoe Tree）、美國西部紅雪松（Western Red Cedar）。美國太平洋西北地區[78]的原住民克拉蘭姆人（Klallam）一直都是用側柏樹製造獨木舟。這地區的海岸薩利許人[79]稱這種樹為「長壽製造者」。拉丁文學名直譯即「生命之樹」。

海芋（Arum）

熱情

俗稱先生小姐花（Lords-and-Ladies）、士兵的小弟弟（Soldier's Diddies）、祭司的小雞雞（Priest's Pintle）等。這種植物的各種俗稱玩笑地反映出它與男性和女性性器官的相似度。這個熱情象徵其靈感得自這種植物形如陽具且真的會自我產熱的肉穗花序[80]。有些品種甚至會融化蓋住它們的雪，從雪中冒出來。

灰樹（Ash）

壯麗

根據北歐神話，整個宇宙是由一棵叫做「尤克特拉希爾」[81]的巨大灰樹撐起來的。這棵生命之樹的顫動據說就是"Ragnarök"[82]，諸神的黃昏，亦即世界的毀滅即將到來的信號。有一個古老的英國儀式的迷信，就是將孩童從分裂的灰樹樹幹中傳過去。人們相信這麼做能給孩子祛除百病。另一個古老的英國傳統則是在新生嬰兒第一次離開母親的床時，給它餵食一湯匙的灰樹樹汁；據說如此可避免孩子早夭。

紫菀花
（*Aster*）

灰樹
（*Ash*）

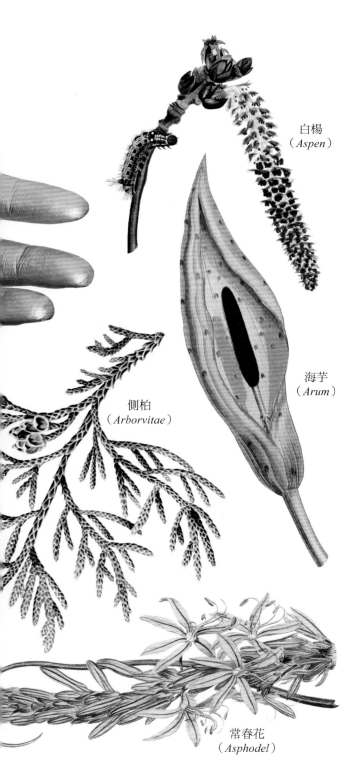

白楊
（*Aspen*）

側柏
（*Arborvitae*）

海芋
（*Arum*）

常春花
（*Asphodel*）

白楊（Aspen）

哀悼

　　白楊樹的葉子會顫動是因為從莖梗長出的每片葉子的葉柄是扁平的。那個顫動被比喻做女人因說長道短和喋喋抱怨而不停搖動的舌頭。

常春花（Asphodel）

我的懊悔會追隨你到墳墓去

　　形似水仙的常春花經常被栽種在墳頭上。它與死亡的連結源自於希臘神話：植物女神普西芬妮（Persephone）頭上戴的即是以這種花編成的花冠。她與丈夫冥王（Hades）一起統治冥界，而冥界圍繞著一片常春花平原，是凡人死後的去處。

紫菀花（Aster）

事後想法

　　又稱為米迦勒雛菊（Michaelmas Daisy）、星夜花（Asteria）。阿斯特瑞雅（Asteria）是希臘神話中的星夜女神，統管流星及夜間占卜。當她散佈星塵時，形似星爆的紫菀花便會在星塵微粒降落處盛開。她固定出現在夜晚的星空中，是處女星列的一部份。

翠菊（China Aster）
多樣化

重瓣紫菀花（Double Aster）
我理解你的情感

耳狀報春花（Auricula）

繪畫

俗稱熊耳花（Bear's Ears）。盛開於中歐山區的耳狀報春花，葉子的形狀很像熊耳朵。以前人們相信，這種漂亮的花在動物血液的滋養下會開得更茂盛。因此，在花苞剛冒出來時生肉碎塊便經常會被塞在其根部附近，以確保它會盛開出又大又美的花朵。

深紅色耳狀報春花（Scarlet Auricula）
貪婪

黃色耳狀報春花（Yellow Auricula）
輝煌

秋水仙（Autumn Crocus）

我最美好的日子已經過去了

又稱為原野藏紅花（Meadow Saffron）、裸體女人（Naked Ladies）等。儘管它的花型和名字都跟藏紅花相似，但這種有毒的花並不會產出藏紅花柱頭。十九世紀有一名叫做凱瑟琳威爾森的護士，她曾犯下連環謀殺案，至少殺害了七條人命。在說服病人將她列為遺產受益人後，她就會用秋水仙製成的液體藥劑毒殺他們。1862年時，她成了歷史上最後一名在倫敦公開絞死的女人。據報有兩萬人到現場目睹那次行刑。

杜鵑花
（*Azalea*）

秋水仙
（*Autumn Crocus*）

杜鵑花（Azalea）

節 制

　　杜鵑花是杜鵑花屬（Rhododendron）的一個亞種，最早是為了十七世紀日本有名望的武士家族的花園而栽培的。此花會與節制這個象徵產生連結，是因為它們在過度施肥的泥土裡反而不會繁茂。它們只會拿自己所需的。在中國，杜鵑又稱為「思鄉」之花。

耳狀報春花
（*Auricula*）

B

基列香脂（Balm of Gilead）

治療；緩解

也稱為朱迪亞香脂（Judea[83]）、麥加香脂（Balm of Mecca）。以其最早產地命名的基列香脂自古以來就被視做一種稀有的植物香氛和醫用藥膏而受到珍視。雖然人們一般認為它與阿拉伯沒藥樹（Commiphora Gileadensis）有關，但這種受到猶太人、基督徒、和穆斯林等高度崇敬的香脂，其真正來源直到今日仍有爭論。

香脂苦瓜（Balsam Apple）

評論家

香脂苦瓜有四下蔓延的卷鬚、淡黃色花朵、和瘤狀表皮的果實，將之打開裡面會爆出深紅色帶有黏性的種子。有些人形容這種果實已經醜到了一個美的境界。其種子和成熟的果實有一定毒性。這種植物經煮沸後常被用來與金縷梅（Witch Hazel）[84]或異丙醇[85]混合，可局部治療水泡及因蟲咬和皰疹而導致的潰爛。

刺檗（Barberry）

性情乖僻

刺檗花所展現的特質常被認為與壞脾氣的人相同。這種灌木叢長滿了尖刺和酸澀的莓果。再怎麼輕微的碰觸，刺檗花都會有強烈的受擾反應，雄蕊會捲起來將雌蕊完全包住。

羅勒（Basil）

怨恨

在古希臘和羅馬文化裡，這種芳香的草本植物與怨恨、貧窮、和不幸等有連結。迷信的人堅稱，不管任何時候當有人首先播下這些種子時，就要將類似「怨恨有巴西利斯克[86]的眼睛」這樣的詛咒大聲地說出來。在中古世紀，人們發現將羅勒種在據信是毒藥剋星的芸香旁邊時，它便無法長得好。因此，那時的人們相信羅勒是有毒的。法文裡有一句俗話叫「播種羅勒」，意思就是毀謗他人或製造衝突。

基列香脂
（*Balm of Gilead*）

羅勒
（*Basil*）

香脂苦瓜
（*Balsam Apple*）

刺檗
（*Barberry*）

月桂（Bay Laurel）

榮耀

在古希臘和羅馬，月桂代表成就。羅馬將軍戰勝時會派遣下屬送急報給參議院；那些信報稱為「月桂信」，因為它們是用月桂葉包裹起來的。據說凱撒大帝最喜歡戴著月桂冠，因為那可以遮住他的禿頭。

月桂葉（Bay Leaf）
只有死亡能讓我改變心意

蜂香薄荷（Bee Balm）

你的奇想頗令人無法忍受

又稱佛手柑草（Bergamot）、馬薄荷（Horsemint）。"Balm" 意思原是作為慰藉、舒緩、安撫用的脂或膏。許多美洲的原民文化一直都將蜂香薄荷當作藥用植物使用。尤其是北美大平原上的黑腳人[87]，他們特別相信這種植物的抗菌功能。它是百里酚[88]的來源，而百里酚是許多商業漱口水裡的有效成份。

山毛櫸（Beech）

興旺

只要鹿或其他林地動物開始啃咬山毛櫸的樹皮，這棵樹就會釋放出味道令人不悅的單寧酸。它細緻的樹皮沒有自癒能力，因此它上面的鏤刻（例如情人的名字）永遠不會消失。早期到美國殖民開墾的歐洲人，習慣將山毛櫸的葉子收集起來塞入他們的床墊裡，而這個填充物在八年間都不需要更新或替換。

蜂香薄荷
（Bee Balm）

山毛櫸
（Beech）

風鈴草
（Bellflower）

顛茄
（*Belladonna*）

月桂
（*Bay Laurel*）

顛茄（Belladonna）

沉默

  又稱為莨菪（Deadly Nightshade）。中古時期有很多故事裡都提到了一種特別的由巫婆所製含有顛茄的調劑。她們會將其他藥草萃取物與顛茄混合後再加入動物脂肪做成一種植物性油脂。根據民間傳說裡的描述，巫婆會將那油脂塗在掃柄上，然後將它壓入雙腿之間來獲得快感。她們因為陰道黏膜吸收了那種致幻物質、嗨到了高點時，偶爾會被人看到在四處奔騰著。巫婆騎在掃把上飛馳這個概念便是由此衍生的。

風鈴草（Bellflower）

堅貞

  風鈴草的名字可用來形容風鈴草屬（Campanula Genus）下五百多個品種的任何一種。這種桔梗科的風鈴草其根與葉都可作為蔬菜食用且相當受到人們歡迎。做沙拉用的草本植物在十六世紀時的英國並未普遍栽培，因此當亨利八世與凱瑟琳皇后一時興起想要吃沙拉時，就必須派人千里迢迢地到比利時的法蘭德斯[89]去帶一些回來。

白色風鈴草（White Bellflower）
感激

地膚（Belvedere）

我公然反對你

　　如果一個暴風雨或一陣狂風將一株乾掉的地膚從根拔起，它就會變成一團滾草。那團枯乾的莖梗會四處亂滾，在強風的吹動下沿途散播它的種子。

水蘇（Betony）

驚奇

　　水蘇一直都被當作一種萬靈藥，可治療如經前症候群和焦慮等。新鮮的水蘇有致幻效果，食用後會導致放縱和衝動的反應。將它乾燥後做成嗅劑來減緩頭痛，則會造成經常性噴嚏。

山桑子（Bilberry）

背叛

　　山桑子樹長出來的山桑子顏色非常鮮亮，它與夏威夷掌管火災與火山的女神貝麗[90]經常有連結。在夏威夷，人們會先將山桑子的細枝投入火山口，作為給女神的供奉，之後他們才敢吃那個黑色的果實。

山桑子
（*Bilberry*）

樺樹
（*Birch*）

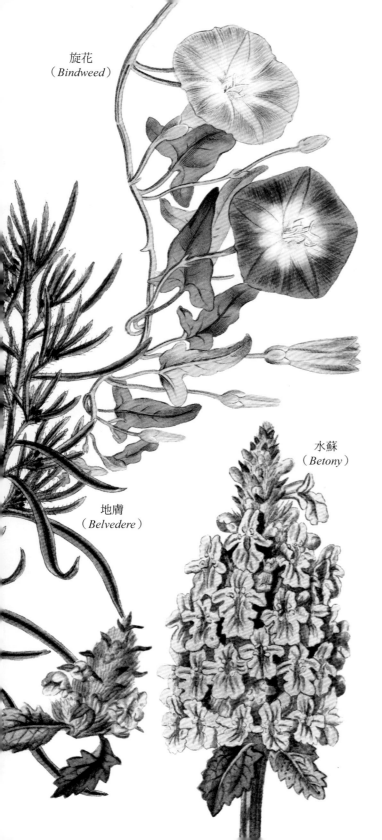

旋花
（*Bindweed*）

水蘇
（*Betony*）

地膚
（*Belvedere*）

旋花（Bindweed）

束縛

　　為旋花科（Convolvulus）的一種。俗稱「老人的睡帽」（Old Man's Night Cap）。旋花的藤蔓一旦攀附到籬笆上，就幾乎不可能被根除。它會努力躲開陽光；如果刻意纏繞它使其面對太陽，它的藤蔓便會自動改變生長方向或死掉。

藍色旋花（Blue Bindweed）
正在破滅的希望
大旋花（Great Bindweed）
危險的暗示
夜旋花（Night Bindweed）
夜晚
粉紅旋花（Pink Bindweed）
值得用明智且溫柔的感情來維持

樺樹（Birch）

溫順

　　英國有一句老話：「樺樹枝打不斷骨頭」。這句諺語的靈感便是來自樺樹其纖細柔軟的枝條。布列塔尼[91]北方有一個迷信，用火爐烤乾樺樹葉子然後將之放在病弱嬰兒的小床裡，如此做據說可為孩子帶來力量。樺樹皮的內層含有一種具防水功能的樹脂，有助於對抗腐壞。北半球的原住民一直都使用這種樹的樹材來打造他們的小屋、獨木舟、籃子、及各種器皿等。

大鳥足三葉草 (Birdsfoot Trefoil)

復仇

俗稱「蛋與培根花」（Eggs and Bacon）。這種植物會開出蛋黃色、花心上有一小抹橘色的可愛花朵，看起來很像早餐的培根和蛋。二十世紀中葉在美國設計的輻射、生物危害、輻射塵躲避所等的國際標章——全部源自此三葉形狀的花。

苦甜藤 (Bittersweet Nightshade)

真相

俗稱小顛茄、千年不爛心（Woody Nightshade）。苦甜藤是一種攀藤植物，它有鮮紫色的花朵及令人垂涎欲滴的紅色漿果。這些漿果聞起來味道類似其表親番茄，但它們卻有毒會傷害人體。在整個中古世紀，這種植物都與巫術和傳說有關。人們常常將一小袋的苦甜藤掛在牛隻的頸子上，以防邪靈入侵牠們。人們也相信將其藤蔓放在枕頭下，可以修補一顆破碎的心，而用它的漿果做成的護身符則可抵抗惡意中傷。

苦甜藤
（*Bittersweet Nightshade*）

黑眼蘇珊
（*Black-Eyed Susan*）

黑莓花
（*Blackberry Blossom*）

大鳥足三葉草
（*Birdsfoot Trefoil*）

黑莓花（**Blackberry Blossom**）

羨慕

又名刺藤（Bramble）。多汁的黑莓結在懸鉤茂密的灌木叢上。英國有一個無稽之談：小孩子若拒絕學走路，那就逼他爬過黑莓叢作為懲罰。這麼做是為了鼓勵孩子站起來、從那令人痛楚的鉤刺走開。另一個英國迷信則是禁止人們在9月29日後食用黑莓。據說路西法[92]是在那天被丟出天堂、墜落在一片有懸鉤的黑莓叢裡的。據信惡魔每年都要詛咒此植物，給那些在9月29日後食用黑莓果的人們帶來厄運、疾病、或死亡。

黑眼蘇珊（**Black-Eyed Susan**）

正義

又名黑心金光菊（Rudbeckia）。它是向日葵家族的一員，金黃色的花朵，中間有一個招牌黑色小圓帽，自古以來就被當作藥草使用。美國東南疏林地區的原住民切羅基人（Cherokee）一直都用從其根部收集起來的滲出物治療耳痛。細葉金光菊（Sochan），黑眼蘇珊的一個可食用表親，在切羅基人的飲食中是一種重要的綠色蔬菜。

黑刺李（Blackthorn）

困難

根據愛爾蘭民間傳說，黑刺李的灌木叢有一個叫做路南堤許（Lunantishee）的仙族在看守。任何人敢在11月11日和5月11日砍下黑刺李的樹枝或戴上它的花，就會受到詛咒。為了贏得這些仙子們的歡心，人們會給祂們供奉蛋糕、牛奶、和酒等食物。

省沽油（Bladder Nut）

瑣碎的娛樂

兒童喜歡拿這種形似坐墊的省沽油玩耍。受到擠壓時，它會發出好笑的氣爆聲。在喬治亞[93]這個國家，人們會將這種落葉性灌木的花苞調味後浸泡在鹽水裡，做成一道可口的小吃端上桌。

荷包牡丹（Bleeding Heart）

和我一起飛翔

俗名維納斯的車（Venus's Car）、小男孩的馬褲（Little Boy's Breeches）、沐浴美人（Lady in a Bath）等。荷包牡丹是中國北方、韓國、和日本等地的原生植物，因為有粉紅與白色相間的心型花朵而受到珍愛。有一個迷信說：如果你壓碎一朵荷包牡丹，汁液是紅的，那麼你會有相愛的人；汁液若是白的，你的愛則不會獲得回報。

藍花草
（*Bluet*）

省沽油
（*Bladder Nut*）

黑刺李
（*Blackthorn*）

荷包牡丹
（*Bleeding Heart*）

藍鈴花（Bluebell）

堅貞

　　一般的藍鈴花繁茂地生長在西歐古老的森林地帶。長有這種花的區域通常可作為原始森林的指標。在英國，藍鈴花受到「英國野生動物與農村法」（U. K. Wildlife and Countryside Act）的保護。將這種花從它的自然生長地連根拔除，或參與其球莖或種子的交易，是一種犯罪行為，每顆非法拔出的球莖罰鍰可高達5,000英鎊。

藍花草（Bluet）

滿足

　　又名美耳草（Houstonia），俗稱貴格夫人（Quaker Ladies）。許多人將這種生長於森林地帶的小花跟勿忘我混淆了。這種有四片花瓣的小花之所以會有「貴格夫人」這個俗稱，是因為它們令人想起貴格教派的婦女曾經穿戴的藍色衣服和帽子。美國東南疏林地區的原住民切羅基人（Cherokee）會使用藍花草製成的泡劑治療尿床。納瓦霍人[94]則用紅色藍草花的一個粉紅品種來舒緩經痛。

藍鈴花
（*Bluebell*）

琉璃苣（Borage）

遲鈍

　　在史詩《奧德賽》裡，荷馬描述了一種很特殊的酒，稱為「忘憂」；它是一種魔法藥劑，飲用後能遺忘並解除所有憂傷。有些人懷疑那個酒裡可能加入了鴉片，但是羅馬博物學家兼哲學家老普林尼[95]相信，那個藥劑是用琉璃苣攪入酒裡做成。十九世紀時，查爾斯·狄更斯[96]招待客人時會請他們喝一種蘋果酒（Cider Cup），是一種含有蘋果汁、白蘭地、雪利酒、和琉璃苣的酒精飲料。有個古老傳說建議，將琉璃苣偷偷放入情人的飲料裡，也許能激發他們求婚的勇氣。

黃楊（Box）

堅忍

　　黃楊樹的木材堅硬不易彎曲。雖然釘死耶穌的十字架用的是何種木頭眾說紛紜，但在宗教畫裡所繪的通常就是黃楊木。古老的傳說裡有這樣的描述：那些顯然無法抵擋想要去數樹葉的渴望的偷花巫婆，黃楊樹能安全有效地對付她們。在如此茂密的樹葉中，巫婆注定要一次又一次地重覆計算。

金雀花（Broom）

謙卑

　　法蘭西的聖路易[97]選擇這種長青樹開出的花作為他麾下新騎士團的徽章。那個護衛組織裡有一百位貴族。這朵黃色的花被繡在這些騎士們的領子上，與旁邊的座右銘Deus Exaltat Humiles（"God Exalts the Humble"，「上帝頌揚謙卑之人」）並列。

黃楊
（Box）

琉璃苣
（Borage）

瀉根草
（Bryony）

睡菜
（*Buckbean*）

金雀花
（*Broom*）

藍薊
（*Bugloss*）

瀉根草（Bryony）

繁榮

俗稱「聖母的印章」（Our Lady's Seal）。瀉根草是一種攀爬植物，特徵是白綠色的花和鮮紅色的漿果。它灰白色的根部形似任何形狀的壺或罐。很久以前，人們會將樹根刻意弄成奇特形狀，作為古玩展示。瀉根草的根有時也會被弄成人體的形狀，讓人誤以為是較有價值的曼德拉草（Mandrake）的根，而商人會販售這種假貨以詐取大筆利益。

黑色瀉根草（Black Bryony）
做我的依靠、我的支撐

睡菜（Buckbean）

安靜的休息

俗稱水塘豆（Bogbean）。這種植物生長在水塘或其他淺水環境中，星狀的花朵上長著根根分明的細毛，漂浮在水面上時宛如在安靜地休息。由於傳統上中醫用它來治療失眠症或焦躁不安，這個能令意識鎮靜的植物亦稱為「安眠藥草」。

藍薊（Bugloss）

虛假

藍薊的花呈藍紫色，但它的根卻能用來製造紅色顏料。它的另一個名字是紫草根（Alkanet），來自阿拉伯的Alhinna或Henna（指甲花），指的就是用來妝飾手腳、源自埃及水蠟樹的紅色染料。法國女人曾經用藍薊根磨成的粉做化妝品，給自己的雙頰創造紅潤的效果。

牛蒡（Burdock）

強求；別碰我

蝙蝠刺的種子囊殼帶有芒刺，會黏在動物或衣物上。瑞士工程師喬治‧德‧麥斯特羅在阿爾卑斯山攜犬健行時，發現自己的羊毛襪和小狗身上的毛黏了許多這種類似魚鉤的芒刺；受此啟發，他發明了魔鬼沾（Velcro）。此字是法語的紫羅蘭（Velours）和鉤子（Croché）組合而成。

毛茛花（Buttercup）

稚氣

數百年來，孩童們總是開玩笑地拿著毛茛花然後將之置於自己的下巴下方，作為一種特別的算命方式：如果你下巴的皮膚閃出黃色的光澤，那麼你一定喜歡奶油（Butter）。這種反射能力是因為這種花有特殊的細胞組成結構。毛茛花的表面反光能力如此之強，簡直堪比玻璃。這個特性在吸引花粉傳播媒介時，很能派上用場。有人說奶油的金黃色是來自吃了毛茛花的母牛。這個說法是錯誤的；事實上，母牛根本不吃這種植物。毛茛不但味苦且有毒性，動物要是吃下了它身上會起水泡。

歐毛茛（Hairy Buttercup）
反諷

馬利筋
（*Butterfly Weed*）

牛蒡
（*Burdock*）

馬利筋（**Butterfly Weed**）

讓我走

又稱為橙乳草（Orange Milkweed）、蝶戀花（Butterfly Love）。這種顏色鮮豔的乳草屬植物以蝴蝶為名，因為它有豐富的花蜜。它是許多種昆蟲偏愛的食物來源，包括帝王斑蝶、各種蛾類、蜂鳥、蜜蜂、以及其他昆蟲等。美洲土著和歐洲殖民者會將這種植物的根放進水裡煮沸，用它來治療腹瀉和呼吸系統的問題。蠟燭的燈芯也是從它毛茸茸的種子莢加工紡出來的。

毛茛花
（*Buttercup*）

馬蹄蘭
（*Calla Lily*）

甘藍菜花
（*Cabbage Blossom*）

仙人掌
（*Cactus*）

60

甘藍菜花（Cabbage Blossom）

利益

像菜心這種對百姓而言的日常必需品通常能給商人帶來巨大利益。著名的法國十七世紀造園大師安德烈·亞勒諾特爾[98]，在設計了凡爾賽宮花園、杜樂麗花園、以及後來成為香榭里榭大道的地區後，被授予了貴族的頭銜。他的徽章上就有一棵巨大的甘藍菜和三隻蛞蝓。

仙人掌（Cactus）

溫暖

送人仙人掌是在向對方熱烈地表示：「我為你燃燒」。它的刺一看就有刺穿能力，就像愛神邱比特的箭。現存的仙人掌種類多達1,750種，其中有一些可長到50呎高。幾百歲的仙人掌有時會被視為里程碑或地標。

匍匐仙人掌（Creeping Cactus）
恐怖

刺梨仙人掌（Prickly Pear Cactus）
諷刺

馬蹄蘭（Calla Lily）

非凡之美

既非馬蹄也非蘭，優雅的馬蹄蘭在十九世紀末的唯美藝術運動中，受到極大的吹捧。支持「為藝術而藝術」的創作者，對被美麗的事物環繞的興趣遠遠超過對深層意義的探索。隨時謹記此哲學的奧斯卡·王爾德[99]，據說便常以馬蹄蘭和向日葵裝飾自己的餐桌。

山茶花（Camellia）

不虛假的卓越

可可香奈兒[100]特別喜歡山茶花，因為它沒有香味。這位時尚設計師會在自己的外套上別一朵盛開的山茶花，而它並不會干擾她個人的招牌香氣：香奈兒五號。山茶花香味的化妝品確實存在，但它們基本上是狂想的情調——為喚起這種花的視覺之美而研發出來的合成香氛。

日本山茶（Camellia japonica）
我的心為你滴血

白色山茶（White Camellia）
完美的可愛

剪秋羅（Campion）

陷阱

別名蠅子草（Catchfly）、血腥威廉（Bloody William）。在英國的花園裡，剪秋羅的栽培已經有七百多年歷史。在2010年代初，科學家在西伯利亞的永凍土層裡發現了約三千兩百多年前的冷凍種子。它們可能是冰河時期被某隻松鼠藏進去的。種子發芽後長出了一種品種特別且早已滅絕的剪秋羅；它在2012年因為俄國科學家而復活了。

朝顏剪秋羅（Red Campion）
青春之愛

粉紅色剪秋羅（Rose Campion）
只有你值得我的愛

白花剪秋羅（White Campion）
我落入你為我而設的陷阱

彩鐘花
（Canterbury Bell）

剪秋羅
（Campion）

大麻
（Cannabis）

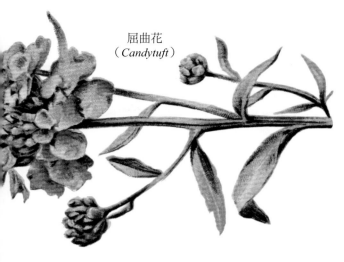

屈曲花
（*Candytuft*）

山茶花
（*Camellia*）

屈曲花（Candytuft）

建築

又稱為Iberis。Candytuft這個名字跟甜味糕點沒有關聯；它是以希臘克里特島上最大城市干地亞（現稱伊拉克利翁，Heraklion）的名字命名。白色、粉色、或紫色的屈曲花沿著莖梗盛開時，層層又疊疊，有時看起來很像一根建築圓柱或幾層樓組成的房屋。

大麻（Cannabis）

命運

這種會影響精神行為的藥物是從開花的大麻植物衍生出來的。十九世紀時，這種作為醫療用途的藥物在藥局裡很容易取得，而類似「魔法阿拉伯膠」的糖果在紐約市的雜貨店裡就可買到。到了1906年，美國許多州開始禁止大麻作為娛樂性藥物販售。到1970時，美國各州已嚴令禁止大麻買賣。一年後，一袋大麻在原始版版的網路上售出。這個史丹佛大學和麻省理工學院的學生之間的交易，是有史以來第一樁由網路促成的商業交易。

彩鐘花（Canterbury Bell）

認可

這種花是因十二世紀那些身上配掛小鈴鐺走過野花遍地的原野前往坎特伯利大教堂參拜聖湯瑪斯阿貝克特的英國朝聖者而得名的。在波斯語裡，這種花又稱為gol-e estekani，意思是「杯子花」，因為它的樣子就像一只小玻璃水杯。

萬壽菊（Cape Marigold）

預知

別名「天氣先知」（The Weather Prophet）、非洲月光花（African Moon Flower）、非洲雛菊（Dimorphotheca）等。這種來自非洲且熱愛太陽的花能幫忙天氣預測，因為在暴雨來臨前，它會合起來。其種子含有高濃度的碳二烯酸，對樹脂、亮光漆、工業用泡沫劑的製造用途很大。

碎米薺（Cardamine）

父方的錯

又稱為布穀鳥花（Cuckoo Flower）、酢漿草（Lady's Smock）、五月花（Mayflower）等。莎翁筆下的李爾王在失去他象徵王權的皇冠後，用一圈碎米薺編成的花冠戴在自己頭上。在仙子的國度裡，這種花被認為神聖不可侵犯；將這種淺粉紅色的花帶入室內或者將它們使用在五月節慶的花環裡，則被認為會帶來厄運。

紅衣主教花（Cardinal Flower）

傑出

紅衣主教花的顏色跟羅馬天主教的紅衣主教所穿的袍服顏色同樣的艷紅。這種花是美國土生植物，蘇尼人[101]用它們做成藥糊，將之塗在局部患處，來緩和風濕和腫脹。

康乃馨
（*Carnation*）

紅衣主教花
（*Cardinal Flower*）

萬壽菊
（*Cape Marigold*）

紅色康乃馨
（*Red Carnation*）

碎米薺
（*Cardamine*）

康乃馨（Carnation）

強烈且純真的愛

參閱第66頁。

在西班牙文裡又稱為石竹花（el clavel）的康乃馨，已經併入了這個國家的許多文化層面裡。他們有幾個習俗：單身女郎會在耳後別一朵紅色康乃馨；在鬥牛士打敗鬥牛時，觀眾會將紅色康乃馨拋入鬥牛場內；還有，佛朗明哥舞者所穿的波浪狀多層褶裙，其設計就是要它看起來像盛開的康乃馨。

混色康乃馨（**Mixed-Colors Carnation**）
驕傲與美麗

粉紅色康乃馨（**Pink Carnation**）
女人的愛

紅色康乃馨（**Red Carnation**）
純粹且熱烈的愛

五彩康乃馨（**Striped Carnation**）
拒絕

白色康乃馨（**White Carnation**）
年輕女郎

黃色康乃馨（**Yellow Carnation**）
蔑視

康乃馨
(Carnation)

強烈且純真的愛

參閱第65頁

在西服翻領上別一朵康乃馨，乃是男裝的一個經典配件。康乃馨有許多種顏色，在作為徽章或認同的標記時，便會根據顏色扮演不同的角色。例如，在牛津大學，學生接受考試時傳統上要佩戴一朵康乃馨。在第一次考試期間，他們會佩戴白色康乃馨，期中考時佩戴粉紅色的，而期末考時則佩戴紅色的。

美國第二十五任總統威廉·麥金利[102]，在1876年於俄亥俄州競選國會議員時，一起競選同席次的朋友兼對手送了他一朵紅色康乃馨。勝選後，麥金利對紅色康乃馨發展出了迷信，總是在其西服的翻領上別上一朵。他也會給他的支持者固定地贈送紅色康乃馨。當選總統後，他的橢圓形辦公室裡永遠會擺著一個插滿紅色康乃馨的花瓶。

1901年，麥金利在紐約水牛城問候民眾，當時一名小女孩向他討一朵花。由於手上沒有花，他做了一件他從未做過的事；他取下他翻領上自己的那朵花，將它送給了小女孩。沒幾分鐘後，他被刺殺，腹部中彈。八天後他死亡，由副總統希奧多羅斯福[103]繼任其總統之位。之後俄亥俄州正式將紅色康乃馨定為州花，向他致敬。

提到維多利亞時期的作家兼花花公子奧斯卡·王爾德[104]，人們便會想到綠色康乃馨。他經常說，那種人工染色的花是一種藝術品，並且在1892年參加他自己的喜劇《溫夫人的扇子》首演時，命令他幹練的隨從跟他一起在翻領的扣眼上別著一朵綠色康乃馨。將莖梗插入有顏色的水給鮮花染色的技術，是由亞佛列德·內斯彼特在那之前約十年首先開發。當王爾德被問到這種顏色不尋常的花有何意涵時，他靦腆地回答：「甚麼意義都沒有，然而就是沒人會這麼猜想。」雖然王爾德真正的玩笑意圖從未被證實過，但在當時，英國社會推斷綠色康乃馨乃是同性戀的一個象徵。有些人覺得，藉由高傲地戴著這種顏色不自然的花，王爾德是在嘲弄當時被社會視為「不自然的愛」的譴責。

在王爾德的喜劇首演兩年後，有一匿名小說《綠色康乃馨》出版（雖然大賣但也引發醜聞），當時人們推測王爾德就是該書作者，但他否認了。小說中的兩位主角很像王爾德和他的愛人（年輕的詩人亞佛列德·道格拉斯），而不少訂購這本被稱為「高等哲學」的菁英們，則開始佩戴起綠色康乃馨。

儘管王爾德在給帕爾默爾公報[105]的信函中駁斥了自己的作者身分，但在法庭那本書仍然被當作了控訴他的證據。面對同性戀的起訴，他被判有罪，並被判入獄服兩年勞役。後來才知那本小說其實是羅伯特·西琴斯[106]寫的。「我發明了那種華美的花。」王爾德說，「但是以那本充滿中產階級思想又平庸的書來盜用那個因我才有的奇特不凡之美名，我不需要說也不用做甚麼。那花是藝術之作，那本書不是。」

卡羅萊納蠟梅 (Carolina Allspice)

善心

又名夏蠟梅（Calycanthus）、東方甜灌木（Eastern Sweet Shrub）、洋蠟梅（Spice Bush）等。芬芳的卡羅萊納蠟梅聞起來味道很像草莓或蘋果，並常被比喻作捕蝦籠。這種花的花瓣巧妙排列，讓傳播花粉的蟲子很容易進入，但同時阻礙它們的退出。只有在蟲子完成授粉工作後，內圈的花瓣才會翻開，讓它們逃出去。

香蒲 (Cattail)

輕率

香蒲通常長在約三呎深的水裡，莖梗開花時可以長到十呎高。這種濕地植物的幼芽，在俄文裡稱為哥薩克蘆筍（Cossack's Asparagus），可被採來食用，其味道嘗起來介於小黃瓜和美洲南瓜之間。十九世紀時，礦工會將香蒲浸泡在蜜蠟或油裡，然後將其點燃作為火炬使用。

雪松
（*Cedar*）

卡羅萊納蠟梅
（*Carolina Allspice*）

洋甘菊
（*Chamomile*）

香蒲
（*Cattail*）

百金花
（*Centaury*）

雪松（Cedar）

力量

　　這種會結毬果的針葉雪松木數千年來非常可靠地提供耐用的木材。從雪松樹幹裡所提煉出來的香油是一種天然防蛀劑。這種木頭本身會吸收濕氣，能夠預防腐爛，使得它成為製作五斗櫃或其他儲藏櫃的好選擇。許多不同品種的雪松木也被用來製作鉛筆的筆身。

雪松葉（Cedar leaf）
我為你而活
黎巴嫩雪松（Cedar of Lebanon）
不會腐敗的

百金花（Centaury）

幸福

　　又名澤蘭（feverwort）。常見的百金花是以希臘神話裡的人馬獸（Centaur, 以擅長草藥聞名）凱戎（Chiron）命名的。它粉紅色的花被用來解熱和治療蛇咬的歷史很長。在中古世紀時，人們相信這種小小的星形花有對抗邪靈的保護作用。

洋甘菊（Chamomile）

逆境中的能量

　　洋甘菊的甜香味聞起來很像蘋果，因此知道這種看起來像雛菊的花的名字是來自希臘文的「大地蘋果」（Earth Apple）時，就不叫人驚訝了。將乾燥後的洋甘菊加入熱水，是很受喜愛的有助放鬆的晚間飲品。據說以前賭徒會用這種花茶洗手，希望這樣能帶來一些好運。

聖潔樹（Chaste Tree）

沒有愛地活下去

在古希臘，雅典婦女在地母節[107]期間——此期間她們離開丈夫去參加聖潔的儀典——會用聖潔樹的莖條和葉子作為她們的睡墊。據說這種植物有壓抑性慾之效。

櫻花（Cherry Blossom）

靈性之美

參閱第72頁

富士山女神「木花開耶姬」[108]是日本神話裡的一個人物，她與火山和櫻花有緊密關聯。以她之名而建的神社出現在富士山上，其目的是為了平息火山，避免火山爆發。

櫻桃（Cherry）
良好教育

桂櫻（Cherry Laurel）

背信棄義

古羅馬皇帝尼祿利用含有氫氰酸的桂櫻在他的敵人的水井裡下毒。在現代，也有許多這樣的案例：對桂櫻具有毒性特質不了解的無知園丁，要將裝滿整車子的鋸下來的桂櫻枝條載去丟掉或堆肥，結果卻被發現因桂櫻所散發出來的有毒氣體而倒臥在車輪旁睡著了。

香葉芹
（*Chervil*）

栗樹
（*Chestnut Tree*）

櫻花
（*Cherry Blossom*）

桂櫻
（*Cherry Laurel*）

香葉芹（Chervil）

誠懇

　　香葉芹會開出細緻的傘狀白色小花串。中古世紀時，這種有特殊風味的春季草本植物常被用來治療打嗝，而其煮過的根人們相信可以用來對抗瘟疫。

栗樹（Chestnut Tree）

還我公道

　　人類栽種栗樹已有約四千年的歷史。這種樹所結的核果是來自北美洲東部林地的原住民的重要日常食物之一。除了享受這種香甜的澱粉狀蛋白質的來源外，萊納佩族人[109]也一直利用這種栗子來捕魚。他們將磨成粉的栗子撒入河水中，它會讓魚兒頭暈，變得比較容易捕捉。

聖潔樹
（*Chaste Tree*）

櫻花
(Cherry Blossom)

靈性之美

參閱第70頁

每年春天，約莫兩周的時間，櫻花樹會盛開出粉紅的如雲霧般的花朵，然後如同五彩紙屑般輕輕飄落。在日本，「物哀」（mono no aware）的原理（也就是對生命如蜉蝣的感嘆，或對萬物的感同身受）常被用來形容無常呈現出的這種絕美。自公元三世紀起，賞櫻的活動（稱為「花見」，"hanami"）一直都是日本全國一起歡度的櫻花慶典。

1639年時，日本在外交政策上採取孤立主義，有效地斬斷了日本與外國文化的聯繫長達兩世紀。當這個政策於1853年終止時，日本的對外貿易便開始繁榮起來。如櫻花這種日本風的主題則出現在許多西歐的畫作、室內裝潢和成為流行配件的手持小扇子上。

在美國最常見的食用櫻桃品種叫做「賓櫻桃」（Bing Cherry）。這種櫻桃是以在這個品種的培育和開發上扮演關鍵角色的一個華人工頭命名的。阿賓是一名滿族的移民；他在1850年代後期開始在奧勒岡州的洛威靈果園工作，主要負責種植、培育、及照顧各種品種的櫻花樹。賽斯洛‧威靈和阿賓一起工作了很多年；1875年時，由阿賓負責照顧的其中一種雜交品種的櫻花樹結出了我們今日所知的果實賓櫻桃。

中國的天災、政治紛爭、和飢荒等，激勵了成千上萬的男人橫渡太平洋到美國尋找機會。在美國內戰期間，許多男人上了戰場，而華人移民則從事著農業、挖礦、和勞力工作等，但領著微薄的薪水。許多種族主義者和恐外人士抱怨說，這些移民竊走了美國人的工作，而暴力也時常加諸在這些華工身上。1882年時，排華法案通過，封鎖了華籍勞工的移入。

在排華的騷亂和暴力期間，阿賓及其他華工在洛威靈的家找到了庇護。那幾年，阿賓都將他的薪水寄回中國給他的妻小。1889年時，他回鄉探望親人，之後再未返回美國。或許他的再入境因為排華法案的關係被拒絕了，也或許他對於定居美國不再感到安全。

繁縷（Chickweed）

約會地點

　　儘管帶有密碼的花束是暗示約會地點的一個誘人方式，但是最好還是以一個較可靠的方式確定一個碰面的日期和時間。根據約翰・衛斯理・韓森於1846年出版的《花的日晷：一年中獻給每天的一朵花》，繁縷特別指定的日子是5月2日，而鼠耳繁縷代表4月5日。但約翰亨利英葛蘭姆的《花的象徵》提供的則是3月4日和3月2日。

鼠耳繁縷（Mouse-Eared Chickweed）
別出心裁的樸實

菊苣（Chicory）

節儉

　　紐澳良於1718年建立時，它的地點和來往便利的通商道路使得咖啡作物成為了該城市的文化中不可或缺的一部份。法國在海地和古巴都建立了咖啡種植園。1773年「波士頓傾茶事件」[110]發生後，美國殖民者開發了對咖啡的品味。船運在內戰期間被封鎖時，當地人便開始將烘焙過的菊苣根與咖啡粉混合，來拓展他們的商品供應。摻入菊苣的咖啡成了人們鍾愛的飲品，直到今天它在聞名的世界咖啡館[111]及紐奧良的其他地方仍受到歡迎。

苦楝
（*Chinaberry*）

菊苣
（*Chicory*）

74

繁縷
（*Chickweed*）

菊花
（*Chrysanthemum*）

苦楝（Chinaberry）

意見不合

又稱為大花紫薇（Pride of India）、波斯丁香（Persian Lilac）、珠子樹（Bead Tree）等。雖然苦楝類其類似櫻桃的果實有毒，但它的果核卻在這世界的許多地方都被用來作為首飾珠子，包括波札那[112]和印度；在那些國家，人們相信苦楝樹能夠預防傳染性疾病。美國中西部的奧瑪哈人（Omaha）也使用苦楝；他們認為它的果核象徵好運。伊斯蘭教的禱告念珠也是由這種樹的木頭所刻成。

菊花（Chrysanthemum）

逆境下的開朗

中國人從公元前1500年就開始栽培這種花卉。重陽節始於漢代年間，人們在這一天要將家裡和個人全身的晦氣清除乾淨。其中一個傳統便是飲用菊花酒。人們相信這種秋天的花富含陽氣，能將好運引到家裡來。在中文裡，菊花意喻長長久久。將這種花與松樹枝配成對，即象徵長壽。

紅菊花（Red Chrysanthemum）
我所愛

白菊花（White Chrysanthemum）
真相

黃菊花（Yellow Chrysanthemum）
被輕視的愛

香菜（Cilantro）

隱藏的優點

　　亦稱芫荽（Coriander）的香
菜，是時至今日仍受到廣泛使用的最
古老的草本植物之一。芫荽是全世界
的菜餚都會使用的烹調原料，它有一
種很爭議的味道。由於人類嗅覺器官
接受器的基因差異，有一小部分的人
覺得芫荽帶著一種奇特的肥皂味。但
對多數人來說，這種綠色植物有一種
清香的美妙滋味。

肉桂（Cinnamon）

貞潔

　　肉桂最早衍生自斯里蘭卡的某
種樹木，因其獨特的風味和香氣而風
靡全世界。對中古世紀的歐洲人而
言，這種香料的起源一直都是個謎。
1248年時，從法國到埃及冒險並展開
第七次十字軍聖戰的路易九世及其盟
友們，對肉桂（以及生薑、蘆薈、大
黃根等）是用魚網從遠在世界邊緣的
尼羅河裡採撈出來的說法深信不疑。
1306年時，在南亞四處遊歷的義大利
傳教士孟德高維諾[113]，發現了商人長
久以來一直保密的肉桂來源。不久，
葡萄牙人、荷蘭人、法國人、和英國
人等，便輪番入侵錫蘭[114]來獲取他們
自己的肉桂供應。

香菜
（*Cilantro*）

蒼耳
（*Clotbur*）

五葉草
（*Cinquefoil*）

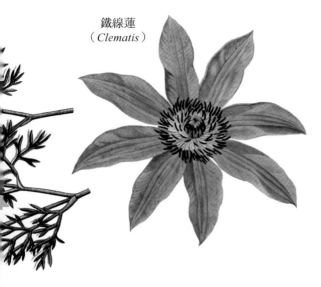

鐵線蓮
（*Clematis*）

肉桂
（*Cinnamon*）

五葉草（Cinquefoil）

鍾愛的女兒

　　五葉草的名字描繪了有五個花瓣的黃色花朵及伴隨它的五片一簇的葉子。當雕刻在紋章裡時，五葉草是權力、榮譽、及忠誠的象徵。這種花型最早出現在法國勃根地的教會建築物上，其歷史可追溯至公元1033年。根據花語，「鍾愛的女兒」反映了這種花的保護動力。下雨時，五葉草的葉子會合攏在花朵上，來保護它不受到傷害。

鐵線蓮（Clematis）

智性之美；詭計

　　鐵線蓮是一種會開花的攀藤植物。在古羅馬時期，乞丐據說會將變種的葡萄葉鐵線蓮（Clematis Vitalba）的汁液塗在皮膚上以引發水泡。這些假的皮膚潰瘍本來是要獲取同情；然而，它們常常會發展成真正的膿瘡。

常綠鐵線蓮（Evergreen Clematis）
貧窮
葡萄葉鐵線蓮（Clematis Vitalba）
安全

蒼耳（Clotbur）

粗魯

　　蒼耳不是一種有用途的植物。常常被誤以為是牛蒡的蒼耳，表皮粗糙、長滿針刺，而且並不特別美麗。它果實上有倒鉤的刺會沾在毛髮上，因此到處漫遊的動物會幫它們傳播種子。因有飄浮的能力，它的刺果也能隨著流水傳播到新的地方去。不管你如何將它們從草原上徹底地消滅，蒼耳總有鬼鬼祟祟長回來的辦法。

苜蓿（Clover）

勤勉

　　別名三葉草（Shamrock）。苜蓿是勤勞的蜜蜂最喜歡的傳粉媒介。在十九世紀浪漫的情人們眼中，它也是一個很受歡迎的象徵：一大片柔軟又香氣宜人的苜蓿，給戀人們創造了一個讓他們能夠躺臥其上的誘人的休憩點。德魯伊教徒相信苜蓿是具有保護力的符咒，能夠對抗惡靈。傳說聖派崔克試圖教誨皈依的教徒時，就是用這種植物的三重葉片來解釋神聖的三位一體[115]。據知英國最早提到四葉苜蓿代表幸運的是一本由不知名作者於1507年出版叫做《婦女福音書》的書。那本書說，無論是誰發現了一朵四葉苜蓿並且恭敬地持有它，那麼「他就會富足一輩子」。

四葉苜蓿（Four-Leaf Clover）
做我的情人

紫色苜蓿（Purple Clover）
深謀遠慮

白色苜蓿（White Clover）
想念我

款冬
（*Coltsfoot*）

苜蓿
（*Clover*）

四葉苜蓿
（*Four-Leaf Clover*）

丁香
（*Clove*）

雞冠花
（*Cockscomb*）

丁香（Clove）

尊嚴

　　芬芳的丁香其名可能是來自法語的"clou"，意思是釘子。於這個香料的樣子看起來很像耶穌被釘死於十字架時所用的那種大釘子。公元前200年，在漢代時期前往中國的爪哇外交官，會在嘴裡含著丁香，以確定他們在覲見皇帝時，會呼出好聞的氣息。1880年時，印尼人哈吉將姆哈瑞發明了丁香香菸，想用它來治療自己的胸痛。跟菸草一樣，丁香的煙也對健康不利。這種香菸又稱為Kretek，這個字是擬聲字，也就是模擬丁香燃燒時所發出的喀嗒喀嗒聲。

雞冠花（Cockscomb）

矯飾

　　雞冠花的名字就是以其看起來類似公雞俏麗的頭冠而得名。這種色彩鮮亮的波浪狀花朵在墨西哥稱為天鵝絨花（velvet flower）。在奈及利亞，雞冠花的葉子是可食的綠色食物；當地人們稱它的花為sokoyokoto，約魯巴語[116]的意思就是「讓丈夫變得又胖又快樂」。

款冬（Coltsfoot）

正義終將伸張

　　款冬以其馬蹄型的葉子而得名[117]，葉子上會開出一簇簇柔美的小花，看起來很像蒲公英。在十八世紀時，巴黎的藥劑師們就知道它是一種草藥；他們會在自己的門柱上畫上款冬花作為告示招牌。它的另一個拉丁文名字tussilago，源自tussis dispello，意思就是「止咳藥」。

耬斗菜 (Columbine)

愚蠢

　　根據達爾文的解說，耬斗菜的名字源自拉丁文的「鴿子」（dove）一字，因為它的花看起來好像一窩嗷嗷待哺的雛鳥。這種花也被比作小丑的帽子；這也許就是維多利亞時人們將它詮釋為「愚蠢」的由來。

紫色耬斗菜（Purple Columbine）
必贏的決心

紅色耬斗菜（Red Columbine）
焦慮與顫抖

黃麻 (Corchorus)

對缺席不耐煩

　　俗名麻薏（Jute）、棣棠花（Jew's Mallow）、埃及菠菜（Egyptian Spinach）。有些人說黃麻之所以稱作棣棠花，是因為在古時候猶太人就會使用它作為軟化劑和食物。也有人說，是因為這種開花草本植物的散播範圍非常廣，就好像遷徙海外的猶太人離散社群。傳說用這種葉子做出來的湯品或營養汁，是埃及豔后克麗奧佩特拉的抗老美容秘方。

金雞菊 (Coreopsis)

總是開朗

　　俗稱Tickseed[118]。金雞菊的名字取自意思是「臭蟲」的希臘文。這種花的果實小而扁，看起來像蟲子。早期美國移民者會將金雞菊填入床墊裡，相信那樣就能夠防止臭蟲。

阿肯薩金雞菊（Coreopsis arkansa）
一見鍾情

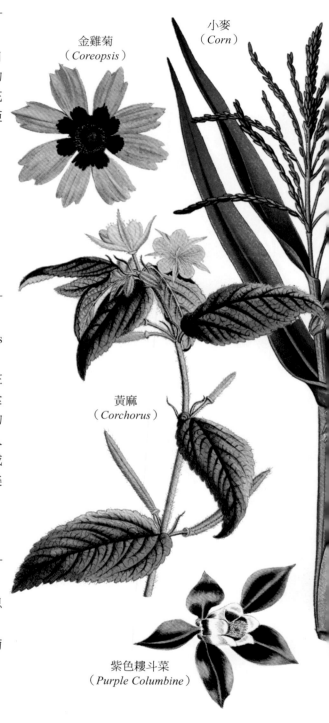

金雞菊
（*Coreopsis*）

小麥
（*Corn*）

黃麻
（*Corchorus*）

紫色耬斗菜
（*Purple Columbine*）

麥仙翁
（Corncockle）

耬斗菜
（Columbine）

小麥（Corn）

財富

　　小麥在1735年剛引進歐洲時，被送給了窮人吃，而那些人很快就得了糙皮病——一種因菸鹼酸缺乏而導致的疾病。這些人睡不著，吃不下普通食物，且蒼白的皮膚在太陽下會起水泡；他們也許就是吸血鬼故事的靈感來源。美洲原住民知道要將熟石灰或氫氧化鈣加入小麥中，以攝取這種植物的菸鹼酸，而歐洲移民者則沒有這個知識。

麥仙翁（Corncockle）

文雅

　　又稱為芒穎大麥草（Bastard Nigella）。有一首英文古詩叫做「都是雜草和麥仙翁籽」，其所描述的就是沒有適當照顧的花園最後的下場。2014年時，英國廣播公司送給觀眾一包免費的野麥仙翁種籽，結果丟了大臉。原來這種迷人的花卉有毒（雖然沒有足夠證據顯示這種植物會造成嚴重傷害，除非大量食用）。而激起民眾騷動的人，就是某位碰巧看到一群小女童軍在照顧一片盛開著這種紫色小花的花圃的民眾。當地官員立即下令將那些花剪除，並將那塊地用柵欄圍隔起來。

矢車菊（Cornflower）

雅致

俗稱「光棍的扣子」（Bachelor's Button）。普魯士[119]皇后露易絲[120]有一個流傳後世的故事：在逃離拿破崙的追兵時，她將子女藏在一片長滿矢車菊的原野裡；為了讓孩子在野花掩護下保持鎮定和安靜，她用矢車菊給孩子們編織花冠。德意志於1871年統一後，露易絲皇后的兒子威廉一世用他最喜愛的花——矢車菊——作為德國的國家象徵。1930到1940年代期間，納粹將普魯士的這個藍色花朵別在他們的翻領上，以便暗中識別彼此。

小冠花（Coronilla）

成功是你的首要願望

俗稱冠豆（Crown Vetch）。這種植物會在其每枝莖梗頂端開出一簇圍成一圈的鮮黃色花朵。瑞士植物學家卡爾・林奈烏斯發現，盛開的小冠花白天時會散發出堪比香碗豆花的芬芳氣息，但晚間時，它們則幾乎沒有味道。

黃花九輪草（Cowslip）[121]

贏得恩典

黃花九輪草的英文名字實際反映出了它的生長環境，因為這種芳香的春天之花最早就是長在牛糞旁。德魯伊教徒十分重視這種花，在他們的很多魔法藥水裡都會用上它。他們常常將黃花九輪草製成的藥劑跟其他藥物搭配使用，因為他們相信黃花九輪草有助於其他草藥的吸收。這種低垂的花朵也被用來調製成有輕微致幻效力的花酒。

蔓越莓花
（*Cranberry Blossom*）

還陽參
（*Crepis*）

小冠花
（*Coronilla*）

紫薇
（*Crape Myrtle*）

矢車菊
（*Cornflower*）

黃花九輪草
（*Cowslip*）

蔓越莓花 （Cranberry Blossom）

心痛良藥

　　1550年時，將這種莓果介紹給在麻塞諸塞州的歐洲殖民者的，很可能就是阿爾岡昆部[122]的納拉岡塞特人[123]，當時他們稱這種果實為Sassamanash。作為北美原住民的一種主食，他們經常將蔓越莓及其他莓果與野味一起食用。深受當時英國風行的果醬和果凍影響的加糖蔓越莓醬，在十九世紀時也很受歡迎。

紫薇 （Crape Myrtle）

雄辯滔滔

　　這種如皺紗般捲曲的花一簇簇密集地長在類似灌木叢的樹上。色彩鮮麗的紫薇品種很多，包括桃紅紫薇、粉紅紫薇、和鮮紅紫薇等。許多文化都相信，種植紫薇花會給自己的家裡帶來愛與平安。

還陽參 （Crepis）

保護

　　俗稱鷹鬚花（Hawk's Beard）。這種也常常被稱為「有鬚還陽參」（Bearded Crepis）的植物，其花苞會被它長有暗色鬚毛的葉子遮掩起來。那些葉子會形成具保護性的「鬍鬚」，能夠遮蔽花朵，使其不受害蟲、氣候、或其他環境因素的傷害。有類似保護特性的其他品種，其葉多半會在花朵成熟時掉落。但還陽參不會如此；它多毛的葉子不離不棄，一直守護著它黃色的花朵直到凋萎為止。

水芹 (Cress)

決心

　　水芹在古薩克遜文裡叫做kers。俗諺裡的「不值一根水芹」和「我一根水芹都不在乎」，可能指的就是這種無所不在的綠色多葉植物。英國十五世紀的出版物裡描述了多種神奇補藥，可以用來預測一個患有血性腹瀉的病人會活還是會死。儘管配方不同，但它們每一種都需要一英錢[124]重的水芹。如果症狀緩解了，那麼病人有可能存活。如果痛苦持續，那麼死亡就會到來。西非的豪薩人（Hausa）和南非的祖魯人（Zulu）也會使用水芹作為治療腹瀉的草藥。

鼠麴草
（*Cudweed*）

番紅花 (Crocus)

勿濫用

　　從番紅花柱頭取得的像細線般的番紅花絲[125]，按重量計算的話，價值堪比黃金。在英王亨利八世統治期間，顏色鮮艷的黃色番紅花被宮廷仕女們用來染頭髮。由於該潮流太風行，整個英國的番紅花供應量銳減。因為它是國王最喜愛的香料，於是國王下令禁止番紅花的使用，違者要嚴處。國王駕崩後不久，英國於1556年時生產了巨量的番紅花，農夫們便宣稱：「上帝對番紅花根本不屑一顧。」

黃色番紅花（Spring Crocus）
青春的喜悅

番紅花
（*Crocus*）

水芹
（*Cress*）

冠花貝母
（*Crown Imperial*）

電燈花
（*Cup and Saucer Vine*）

冠花貝母（Crown Imperial）

帝王威嚴；權勢

　　在很多描述此類向下彎生的鮮麗花朵的傳奇裡，冠花貝母皆扮演了重要的角色。波斯就有這樣一個傳說：一位美麗非凡的皇后因其絕美的容顏而激怒了國王。在沒有任何證據下，國王指責皇后不貞，並將她驅逐，讓她在附近的原野裡徘徊哭泣。當她停下腳步時，她縮小並長出根來，變成了一株悲傷的冠花貝母。

鼠麴草（Cudweed）

永無止境的懷念

　　在台灣，人們在清明節時會吃草仔粿[126]。清明節是漢族、馬來西亞和新加坡華人都會慶祝的節日。清明節又稱為掃墓節、中國悼念日、或祭祖日。這種綠色小食是由糯米做成甜麵糰，再填入鼠麴草做成的餡料。除了南極外，鼠麴草在全世界各大洲都找得到。

電燈花（Cup and Saucer Vine）

閒扯

　　長在開花藤蔓上的這種鐘型花朵看起來很像茶杯，而每朵花底部的葉片則如同碟子般托著那「茶杯」。因為午茶時分最常分享的就是有趣的八卦，這些紫色或白色的花朵便成了閒扯的象徵。

黑醋栗花 (Currant Blossom)

你的不悅會殺了我

一般而言黑醋栗挺討人喜歡，但是比起其他更受歡迎的莓果，它並不突出。因它的不顯著為眾人所知，一支黑醋栗枝便成了「能取悅眾人」的象徵。二次大戰期間，英國取得柑橘類水果的通路被切斷，首相邱吉爾便敦促英國的農夫們種植這種富含維生素C的黑醋栗。黑醋栗軟性飲料利賓納[127]，直到今日仍廣受英國人的喜愛。

黑醋栗枝（Branch of Currants）
你取悅所有人

菟絲 (Cuscuta)

卑劣

菟絲有幾個別名：菟絲子（Dodder of Thyme）、勒死草（Strangleweed）、巫婆的髮（Witch's Hair）等。菟絲是一種寄生植物，會榨乾其他植物的生命。因其本身缺乏光合作用的能力，這種討厭的害人精會攀附到其他植物身上。新芽必須在一星期內安頓在宿主身上，否則便會死亡。菟絲會循著氣味往一個可能的受害者長過去，直到它能將之纏繞、滲入其中，最後吸乾其養分。被菟絲入侵的原野會變得亂七八糟，看起來就像經歷過彩帶噴罐的大爆炸一樣。

仙客來 (Cyclamen)

羞怯

仙客來是里奧納多·達文西最喜愛的一種花。他常常在他草稿的邊緣畫上這種耐寒的花卉及耬斗菜來裝飾他的稿紙。它有時也稱為「豬的麵包」（Swine's Bread），因為芳香的仙客來是飢餓的豬最喜歡的點心。

黑醋栗花
（*Currant Blossom*）

柏樹
（*Cypress*）

蔦蘿松
（*Cypress Vine*）

菟絲
（*Cuscuta*）

仙客來
（*Cyclamen*）

柏樹（**Cypress**）

死亡與永恆的悲傷

　　柏樹是冥府的象徵，自古以來都與葬禮和哀悼有關。古埃及人用它耐用的木材做成放置木乃伊的棺槨，希臘人也用它做英雄的棺材。在維多利亞時期的英國，公告某人死亡時，人們會用香氣芬芳的柏樹枝加上其他長青植物做成花圈，然後在上面綴上黑色絲帶後掛在前門上。若再加上萬壽菊，則表達極致的絕望。

蔦蘿松（**Cypress Vine**）

好事之徒

　　在人們眼中，蔦蘿松是一種溫柔的爬行植物，其細長的葉片間點綴著深紅、粉紅、或白色的管狀花朵。這是一種活力充沛的植物，常常有蜂鳥來造訪它。原生於中美洲並作為藥用植物而大量種植的蔦蘿松，早在十六世紀時，它的種子和標本就已被送去了歐洲。幾世紀以來，蔦蘿松一直都被認為是一種生長於南亞的植物。因為以訛傳訛，這種花的源頭就被混淆了。歐洲人常常被自己的命名系統搞糊塗，例如，許多人都誤以為西印度群島（West Indies, 北美洲群島的一個熱帶亞區）即是東方的印度。

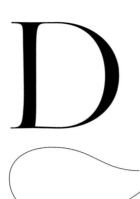

D

水仙花（Daffodil）

自戀

　　又稱為納西塞斯（Narcissus）。希臘神話裡納西塞斯的故事說的是：一個以俊美聞名的年輕獵者，有一天凝視著池中自己的倒影時，因自我愛慕而定住不動了。他受到愛神阿弗羅黛蒂的愚弄，愛上了自己的美貌，以為那是另外一個人。納西塞斯在池水邊憔悴而死，而鮮豔的黃色花朵從他的遺骨裡長出來。從此，自戀和虛榮便與這種花聯結在一起。

黃水仙（Jonquil）
我渴望有情感的回報

大麗花（Dahlia）

不安定

　　大麗花在1963年被指定為墨西哥的國花。這種花的塊莖一直都是瓦哈卡[128]料理中的重要食材，而從烘烤過的塊莖萃取出來的一種成分則被廣泛運用在中美洲的飲品裡以增添風味。阿茲特克人將大麗花的花梗挖空，用它做灌溉的輔具。人們喜愛大麗花鮮亮明豔的色彩；作為庭園花卉，有些品種盛開時花朵有餐盤那麼大。

一束大麗花（A bunch of Dahlias）
我的感激超過你的在意

水仙花
（Daffodil）

大麗花
（*Dahlia*）

雛菊（Daisy）

天真

雛菊的名字源自古英文的 dægeseag，意思是「白日的眼睛」（"day's eye"）。路易斯·卡羅[129]的《愛麗絲夢遊仙境》一開始就是愛睏的小愛麗絲努力地想要決定她是否應該先做一個雛菊花環——一種孩童們經常玩的娛樂，其歷史可追溯至中古世紀。這時，那隻白兔子忽然打斷了她，象徵激發了愛麗絲對知識的追求。後來，她警告一片聒噪的雛菊說：「你們如果不閉嘴，我就把你們通通摘下來。」

複瓣雛菊（Double Daisy）
我回報你的情感

原野雛菊（Field Daisy）
我會考慮

牛眼菊（Ox-Eye Daisy）
耐心

紅色雛菊（Red Daisy）
擁有者所不知的美

貴婦火箭花（Dame's Rocket）

你是賣弄風騷的女王；時尚

盛開的貴婦火箭花紫裡透白，看起來好像夾竹桃。它散發的香氣不亞於甜蜜的紫羅蘭和丁香——但只在晚間時分。據說路易十六的皇后瑪麗·安東尼[130]，在上斷頭台前的拘禁期間，讓人給她偷偷送了好幾束這種花，以讓心情不好的她提神。

蒲公英種子穗
（*Dandelion Seed Head*）

瑞香
（*Daphne Mezereum*）

貴婦火箭花
（*Dame's Rocket*）

雛菊
（*Daisy*）

蒲公英（Dandelion）

鄉野的神諭

　　許一個願，然後將一朵蒲公英白絨絨的種子穗吹向空中，讓你的願望起飛，在願望成真前隨風而飄。在法文裡，這種野花又稱為pissenlit，意思是「尿床」。黃色的蒲公英不僅顏色像尿液，它也一直被當作天然利尿劑使用。這個被作為藥用植物和沙拉裡的綠色生菜的花，在歐洲殖民者搭乘五月花號來到美洲時，也被帶著一起引入美洲。

蒲公英種子穗（Dandelion Seed Head）
離去

瑞香（Daphne Mezereum）

渴望取悅

　　被描述為在深冬穿上夏衣的瑞香，因其色彩繽紛又早開的花而聞名。Mezereum這個字可能來自這個植物的波斯名Madzaryoun，意思是「摧毀生命者」。有些鳥類喜歡這種植物的莓果，而它們的糞便非常有效地替瑞香傳播了種子。然而同樣的這些莓果，在人類身上卻會產生一種引發劇烈反應的毒素。

千里香（Daphne Odora）
給甜心的甜蜜

蒲公英
（*Dandelion*）

曼陀羅（Datura）

虛假的魅力

又名刺桐（Thornapple）、地獄之鐘（Hell's Bell）、惡魔的號角（Devil's Trumpet）。曼陀羅花及其種子是從它帶著刺的囊殼裡長出來的，形狀有如號角，而它的花與種子都有毒。這種植物全身上下都含有能對精神產生作用的特性，會造成精神錯亂、幻覺、有時甚至死亡。在十九世紀初，一個有百年歷史來自印度叫做"Thugs"的暗殺集團，據說一年內就謀殺了將近五萬人。他們使用曼陀羅來麻痺搶劫和勒殺等暴力行為的受害者。"Thug"這個英文字就是源自印度文，意思是「騙子」。但根據某些研究者的調查，如果不是英國殖民者自己的想像的話，那些謀殺案件需要重新評估，而且根本就是誇張的描述。

重瓣紫花曼陀羅（Violet Datura）
與教會有關的

白花曼陀羅（White Datura）
科學

萱草（Daylily）

賣弄風騷

又名「白日美人」（Bell du Jour）。萱草在白日時盛開，夜晚降臨時就會害羞地合起來。中國、日本、泰國、和越南等，都會在他們的料理中使用萱草。它乾燥後的花苞，稱為「金針」，在中國人的農曆新年會被加入菜餚裡用以象徵財富。

飛燕草
（*Delphinium*）

曼陀羅
（*Datura*）

飛燕草（Delphinium）

粗率

　　飛燕草的名字源自希臘文的
「海豚」（Dolphin）一字；它的
蓓蕾有點像那光滑的海中生物。
飛燕草別名翠雀花（Larkspur）；
據說這種花的種子莢看起來很像
雲雀的腳。這種快樂的鳥兒因擁
有甜美又令人振奮的嗓音，深受
人們喜愛。

**粉色飛燕草（Pink
Delphinium）**
善變

**紫色飛燕草（Purple
Delphinium）**
高傲

萱草
（*Daylily*）

岩愛草（Dittany of Crete）

誕生

　　岩愛草是一種灌木植物，它天鵝絨般柔軟的葉片上覆蓋著灰白色絨毛，粉紫色的花朵點綴其中。這種植物原生於希臘的克里特島（Crete）。羅馬博物學者老普林尼[131]曾描述這種植物可用來有效緩解生產之痛，甚至生產異常時的狀況。在克里特島的方言裡，這個花的名字意思是「愛」，而許多熱切的愛人沿著島上的山巒和峽谷攀爬，就為了能採集到這種花。過去幾百年來，不少企圖給自己的愛人採到這種花的男人命喪途中。

岩愛草
（*Dittany of Crete*）

毒狗草（Dogbane）

虛假

　　"Bane"這個字原指能夠致命的東西。當這個字成為植物名字的一部份時，它便透露了這個植物的有毒特性。很多人都知道，毒狗草會毒死或驅逐犬科動物。

山茱萸
（*Dogwood*）

毒狗草
（*Dogbane*）

龍百合
（*Dragonwort*）

山茱萸（Dogwood）

耐久性

咀嚼細樹枝作為口腔衛生的一個方法淵遠流長，其歷史可追溯至公元前3,500年前的巴比倫尼亞。亞洲人、非洲人、和美洲人早就在使用這種方法。而歐洲人，直到十八世紀末還只是用沾了鹽巴的碎布擦拭他們的牙齒。早期的美洲殖民者終於體會了原住民的這個好方法，開始使用壓開的山茱萸枝條作為牙刷。他們將樹皮從嫩枝條上剝下來，好好咀嚼後就能將枝條的尖端攤開成一支鬃根狀的牙刷。根據《岡恩家用藥物指南》（*Gunn's Domestic Medicine*, 1831），這個方法比起當時用豬鬃做成的新式牙刷要優越多了。

龍百合（Dragonwort）

恐怖

龍百合的臭味讓人想起腐敗的肉。被這個臭味吸引過來的昆蟲即是它的花粉傳播媒介。這種花可以增加自己的溫度到18℃，給昆蟲提供一個能在其中忙碌的舒適環境。

黑檀
（*Ebony*）

榆樹
（*Elm*）

接骨木
（*Elder*）

E

黑檀（Ebony）

黑

　　最好的黑檀來自斯里蘭卡。將漆黑色的樹幹剝去樹皮直到中心處，你才會發現純白的木材。黑色的心材被認為是這種樹最佳的部位，因為它很耐用、堅硬、而且容易磨亮。古印度國王所持的權杖便是用黑檀木雕刻出來的。在今日，黑檀木被用來製作櫥櫃、刀柄、和鋼琴鍵等。

接骨木（Elder）

熱心

　　富含維生素C的接骨木花和莓果，在全世界都被普遍地使用在菜餚及草藥裡。跟據歐洲民間傳說，你如果在仲夏夜坐在接骨木樹叢下的話，仙子和小精靈都有可能會來拜訪你。接骨木花所散發出來的香氣有溫和的鎮靜效果；人們懷疑那些民間故事是起源於一些因精神昏沉而做的夢。

榆樹（Elm）

尊嚴

　　榆樹是一種驕傲的樹，是許多革命的象徵。英國的國會議員在1688年光榮革命中宣布贏得了與君王對抗的勝利後，荷蘭榆樹（Dutch Elm Hybrid）作為對新秩序熱忱的政治宣言，便廣泛受到了人們的尊崇。在接下來的世紀裡，美國殖民者在波士頓某一棵美國榆樹前舉行第一次反抗大會。英國知道那棵樹是反叛的象徵，因此在1775年時將之砍倒。而美國人的回應是，將「自由榆樹」（Liberty Elm）的徽章縫在他們的革命旗幟上，並有組織地到全國各處栽種他們的新象徵──自由榆樹。

美國榆樹（American Elm）
愛國主義

露珠草（Enchanter's Nightshade）

巫術

　　雖然名字看起來是茄科植物
（nightshade），但露珠草其實是屬
於月見草科（evening primrose）的草
本植物。小小的白花開在細長的莖梗
上，在黝暗潮濕的林地裡開得特別旺
盛。它的拉丁學名Circaea canadensis
是來自希臘神話裡因廣博的草藥知識
而受到崇敬的女巫兼魔法女神賽西
（Circe）。她住在艾衣亞島的一座
森林裡。在荷馬史詩《奧德賽》中，
她因給奧德修斯的手下施魔咒將他們
變成了野豬而聲名狼藉。

白頭婆（Eupatorium）

延遲

　　粉色或白色的小花一簇簇毛茸
茸地從這種灌木的葉片之上冒出來，
吸引美麗的蝴蝶在它上面停憩。美
洲原住民用這種花作為治療傷風和
感冒的草藥。它有一個常見的名稱
Boneset，直接指出了它治療熱帶登
革熱的功效。登革熱又稱為「斷骨
熱」（Break-Bone Fever），因為患
者的肌肉、關節、和骨頭都會產生嚴
重的疼痛。

白頭婆
（*Eupatorium*）

月見草
（*Evening Primrose*）

露珠草
（*Enchanter's Nightshade*）

豌豆花
（*Everlasting Pea*）

月見草（Evening Primrose）

反覆無常

　　英文別名：Suncup, Sundrop。
月見草的名字反映了這種植物開花的
時辰。它開花的速度很快，有時不到
一分鐘花就開了。月見草油可以治療
多種疾患，包括濕疹、關節炎、偏頭
痛、經前症候群、以及與停經相關的
熱潮紅等。

豌豆花（Everlasting Pea）

恆久的愉悅；約好的會面

　　豌豆花是一種多年生植物，是
甜豌豆（Sweet Pea）的表親，許多
種小生物都靠它維生。燈蛾的毛毛蟲
及其他食草動物都愛吃這種攀爬植物
的葉子。蝴蝶喜歡它的花蜜，不過實
際上替這種無氣味的花朵傳播花粉的
是大黃蜂。

F

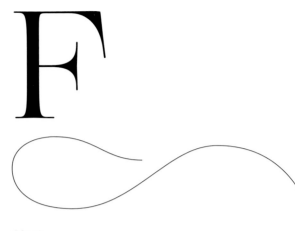

茴香 （Fennel）

力量

　　茴香擁有迷人的香氣和八角的味道，在古希臘是很受歡迎的蔬菜。人們相信吃茴香有助於增長力氣，同時又能保持苗條。希臘人稱這種植物為「馬拉松」，名字取自maraino，意思是「變得纖瘦」。馬拉松這個城市就是以該地區遍長的這種野生茴香而命名的。當雅典人在馬拉松的一場傳奇戰爭裡打敗波斯人時，一名希臘先鋒被委以遞送捷報的重任。他一口氣從馬拉松到雅典跑了26.22哩，中間沒有休息。這個耐力跑被奧林匹克運動賽發揚光大，直到今日比賽都是用這個距離。在羅馬帝國時期，運動競賽的勝利者，頭上會被冠上一頂茴香做的花圈。

蕨類 （Fern）

誠懇

　　在凱爾特和日耳曼文化裡，所有品種的蕨類都是神聖的植物。在古代，有些人正確地認為蕨類沒有種子；有些人則認為它們的種子是看不見的。德魯伊教徒相信，如果你看到了蕨類的種子，那麼你就會被賜予隱形的能力。這個傳說在莎士比亞的《亨利四世》裡也被提到了：「我們如同在城堡內潛行，錯不了：我們擁有蕨類籽的魔力，沒有人看得見我們。」

錫蘭七指蕨（Flowering Fern）
白日夢

鐵線蕨（Maidenhair Fern）
謹慎

茴香
（*Fennel*）

蕨類
（*Fern*）

消渴草（Fever Root）

拖延

　　又名球根蘆莉（Minnieroot）、塊根蘆莉草（Sheep Potato）。消渴草是孩童們最喜歡的植物，不是因為它漏斗狀的紫花，而是因為它特殊的種子。當乾燥的囊莢碰到水（或用小孩的口水搓它）時，每一個細長的囊莢就會忽然爆開，幾乎就像一隻跳躍的小蚱蜢。孩童們會將弄濕的種子囊莢丟在沒警覺的路人身上，用那炸開的小種子嚇他們的受害者一跳。

無花果花（Fig Blossom）

多產

　　別名薜荔（Ficus）。最早被人類歸化的植物之一就是無花果樹。無花果樹在全世界許多宗教團體眼裡都是神聖的。佛陀就是坐在菩提樹（Ficus Religiosa）下悟道，而被保留的世界遺址，同時也是知名朝聖地的印度摩訶菩提寺，就是建在該地點上。觀光客可以去參訪那裡的一棵菩提樹，據說它是從原始的那棵樹所傳下來的。

消渴草
（*Fever Root*）

樅樹
（*Fir*）

火燒蘭
（*Fireweed*）

無花果花
（*Fig Blossom*）

樅樹（Fir）

崇高

　　在一幅畫著維多利亞女王、艾伯特親王及其子女們的畫於1848年傳遍全球時，佈置聖誕樹就開始風行了起來。在畫中，女王一家人圍著一顆樅樹團聚，長青的樹枝間裝飾著點亮的蠟燭，以及懸掛著金蘋果和堅果的彩色紙網等。來自德國的艾伯特親王可說是與聖誕樹一起長大的，從十八世紀起那樣的裝飾就已成了傳統節日的一個形式。這項傳統逐漸在英國和北美流行起來。儘管某些人的文化信仰認為圍著樹團聚是不正統的異教儀式，聖誕樹仍成為中產基督教家庭慶祝活動重要的一部份。

火燒蘭（Fireweed）

獨身

　　又名柳蘭（Rosebay Willowherb）。在燒焦的原野或砍伐過的森林裡，這種花會長得特別茂盛。火燒蘭是一種有助受過傷害的土地復原的植物。只要能獲得充分的陽光，這種花就會在這些空曠的土地上生長。最後，新的樹木和草叢長出，重新遍佈曾受蹂躪的土地。萬一土地再度受創，沉睡的火燒蘭種子便會發芽再次生長。

亞麻（Flax）

我感受到你的善意

　　人們為取得其可食的種子、亞麻籽油、和亞麻布等而栽培這種作物。亞麻全身是寶，難怪亞麻的拉丁文名字叫做usitatissimum，意思即是「最有用的東西」。經過織染的亞麻纖維，最早的蹤跡可追溯至三萬年前的舊石器時代。在古埃及，祭司只穿亞麻做的衣物，而這種漂亮的開花植物在古埃及墳墓內的壁畫裡也有細膩的描繪。

乾亞麻（Dried Flax）
功用

勿忘我（Forget-Me-Not）

勿忘我

　　有一則德國傳奇這麼描述：一名騎士在多瑙河畔想要給他的未婚妻摘一朵帶著嫩葉的花。當他不幸落入河中被水流沖走時，他將花枝拋向站在河畔的愛人，大聲喊道：「莫忘了我！」這種植物的種子囊莢很小，會黏在經過的人身上；而只要一沾到動物的毛或路人的褲管上，它們就會隨著那旅者走到下一個終點站。

亞麻
（Flax）

乳香
（Frankincense）

勿忘我
（*Forget-Me-Not*）

毛地黃
（*Foxglove*）

毛地黃（Foxglove）

一個願望

　　這種植物雖帶有毒性，但一直以來也因其具有藥性而聞名。梵谷在他的黃色時期可能就是用毛地黃的萃取物來控制自己癲癇的發作。它的副作用包括視線模糊（帶著一層黃霧）以及在光點四周會產生光圈。最能夠證明的也許就是他深具代表性的創作《星夜》裡所描繪的視覺扭曲。梵谷也曾給他的醫生保羅・嘉舍畫了兩幅肖像畫，而這兩幅畫裡都有一支毛地黃。

乳香（Frankincense）

虔誠之心所敬的香

　　乳香樹汁乾燥後就成了乳香，在天主教的彌撒以及阿拉伯的結婚和出生慶典中，都會被當作敬香來焚燒。古法文的片語 franc encens，意即「高品質敬香」，就是英文字乳香的由來。人們相信乳香可以驅逐惡靈和蛇，認為其珍貴堪比黃金。後來它成為最有利可圖的商品，並有許多貿易在今日阿曼號稱乳香之鄉的地區受到堡壘高規格的保護。

白蘚花 （Fraxinella）

火

又稱為岩愛草（Dittany）。白蘚會分泌出一種可燃油，在炎熱的天氣下，能夠自燃。原生於中東的白蘚讓人不禁推想，聖經裡「摩西和燃燒的樹」所描繪的也許是一棵起火的盛開白蘚。

白色白蘚（White Fraxinella）
熱情

紅花黃耆 （French Honeysuckle）

鄉野美景

在植物學上並不屬於忍冬科（Honeysuckle）的紅花黃耆，一枝花梗便可開出三十五朵小花。蜜蜂特別喜歡它的花蜜，因此有些養蜂人會刻意將蜂巢移到紅花黃耆盛開的原野上，以產出這種滋味特別的蜂蜜。

花格貝母 （Fritillaria, Checkered）

迫害

花格貝母的名字取自人們玩古老遊戲時用以防止作弊的羅馬骰子筒。在北美這種有花紋的鐘形花卉有時也稱作花菱草（Mission Bells）。這個維多利亞時期所給予定義的花語「迫害」，是為了紀念據稱發現這種花的法國藥劑師諾耶·卡波宏。他在後來發生的聖巴托羅謬日大屠殺[132]期間被殺害了。

吊鐘花
（*Fuchsia*）

煙霧花
（*Fumitory*）

紅花黃耆
（*French Honeysuckle*）

深紅吊鐘花
（*Scarlet Fuchsia*）

白蘚花
（*Fraxinella*）

花格貝母
（*Fritillaria, Checkered*）

起絨草
（*Fuller's Teasel*）

吊鐘花（Fuchsia）

我愛情裡的野心如此折磨它自己

俗稱「耳墜子」（Lady's Ear Drops）。這種長著雙層花瓣的花是屬於仙境的。只要摘掉其中兩支雄蕊，它看起來就像一個跳舞的仙子。雖然這個品種基本上原生於中、南美洲，但在紐西蘭，吊鐘花（原住民稱之為kōtukutuku）會產生一種藍色的花粉，被毛利人拿來當化妝品使用。這種花有紅色、白色、紫色、以及深淺不一的粉紅色，但是鮮豔的深粉紅透藍的顏色，才是人們平常所謂的吊鐘花色。

深紅吊鐘花（Scarlet Fuchsia）
品味

起絨草（Fuller's Teasel）

厭世

這種花的蛋形頭狀花序很結實，長著又長又尖的刺，是裁縫和洗羊毛工用來將羊毛料上的絨毛刷出來的工具。一旦那些冒出來的細小的淡紫色花掉落後，長著鉤刺的苞片仍健在，其大小正好握在手裡當工具使用。

煙霧花（Fumitory）

壞脾氣

俗稱薰煙草（Fumewort）。這種植物看起來好像從地上冒出來的一縷輕煙，十三世紀時叫做Firmus Terrae，意即「大地之煙」。它的名字反映了一個人碰觸過這種花後又去揉眼睛時淚汪汪的樣子。它的有些品種曾被當作草藥使用：人們相信，用其辛辣的葉子做出來的泡劑可去除雀斑。

沒藥樹
（*Garden Myrrh*）

栀子花
（*Gardenia*）

香車葉草
（*Galium*）

山羊豆
（*Galega*）

G

山羊豆（Galega）

理性

又名山羊芸香草（Goat's Rue）、教授草（Professor-Weed）。中古世紀時歐洲人相信這種紫色的開花植物擁有多重藥性。他們用這種藥草製成的藥劑治療淋巴腺鼠疫。據說它也能促進母哺乳動物的泌乳量，因此也被用在增加羊、牛、及人類的乳量供應上。

香車葉草（Galium）

耐心

俗稱「夫人的砧草」（Lady's Bedstraw）。中古世紀時，人們會收集乾燥的香車葉草來填塞床墊。整個歐洲都這麼做，即使是身份高貴的淑女也喜歡這種床墊。香車葉草能驅逐跳蚤，但無法擋住蛀蟲。許多鱗翅目的品種便是以它為食物，包括紅天蛾（Elephant Hawk，又稱象鷹蛾）、朽木夜蛾（Flame Shoulder）、昭夜蛾（Autumnal Rustic Moth）等。

沒藥樹（Garden Myrrh）

高興

壓碎的沒藥會釋放出類似八角的強烈香氣。它的葉子看起來像羊齒植物，有時會被拿來給阿夸維特[133]烈酒增添風味。其乾燥的葉子和種子則可作為代糖使用。

栀子花（Gardenia）

狂喜

又稱為山栀子（Cape Jasmine）。在1939年的奧斯卡頒獎典禮上，哈蒂·麥克丹尼爾[134]因為在《亂世佳人》裡的優異演技而上台領獎時，她的髮間就戴著幾朵栀子花。麥克丹尼爾是美國第一位贏得奧斯卡獎的非裔美國人。2010年時，莫妮克[135]為了向麥克丹尼爾致敬，便在她以《珍愛人生》的表現而上台領取奧斯卡獎時，也在頭上戴了一支栀子花造型的髮簪。

龍膽草（Gentian）

我最憐愛悲傷時的你

　　這種秋天開花的植物在日本稱之為rindou，譯過來的文字大概意思是「龍膽」。在日語裡，它象徵著「強烈的正義感」和「正確性」。黃花龍膽草在多種飲料裡都是重要元素，包括安格斯圖拉苦精[136]、阿佩羅[137]、莫克西蘇打水[138]等。這種花的顏色絕大多數是深藍帶紫。在十九世紀時，家庭用品、服裝、顏料等的廣告便已開始促銷龍膽藍這種顏色。

黃花龍膽草（Yellow Gentian）
忘恩負義

龍膽草
（*Gentian*）

天竺葵
（*Geranium*）

天竺葵（Geranium）

文雅

　　輕輕捎一下芳香的天竺葵長有絨毛的葉子，一種特殊的香氣就會從它的腺毛散發出來。穆斯林的傳奇裡說，先知穆罕默德在天竺葵謙恭的花朵上晾乾他的衣服後，就用香水澆灌這個植物。在伊莉莎白女王一世的時代，像粉筆般蒼白的臉色對照鮮紅的嘴唇——女王自己引領出來的流行——被認為是一種高雅時尚的風格。那種唇膏就是用蜜蠟加上乾燥的花瓣，例如天竺葵或玫瑰，混合後製成的。

蘋果天竺葵（Apple-Scented Geranium）
當下的偏愛

多年生天竺葵（Cranesbill Geranium）
嫉妒

魚天竺葵（Fish Geranium）
令人失望的期待

藤類天竺葵（Ivy Geranium）
請跟我跳下一支舞

檸檬天竺葵（Lemon-Scented Geranium）
意外的會面

肉豆蔻天竺葵（Nutmeg-Scented Geranium）
期待的會面

櫟葉天竺葵（Oak-Leaved Geranium）
真正的友誼

鉛筆葉天竺葵（Pencil-Leaf Geranium）
巧奪天工

玫瑰天竺葵（Rose-Scented Geranium）
偏愛

悲傷天竺葵（Sad Geranium）
憂鬱的精神

深紅色天竺葵（Scarlet Geranium）
愚蠢

劍蘭（Gladiolus）

整裝待發

　　名字取自拉丁文意味「小劍」的這種鬥士之花，據說能以愛刺穿心臟。此花原生於南非，顏色多采多姿，尖形的花苞沿著莖梗排成一列，開花時由下而上直到全部盛開。宛如長劍的葉子會形成葉鞘。十七世紀時，劍蘭只有七個品種；如今，全世界培育出來的雜交品種已經超過一萬多種。

鹽角草（Glasswort）

假裝

　　據傳這種花在十六世紀前沒有英文名字，直到從義大利來的玻璃工人指出這種植物的用途。鹽角草的灰可以用來製作鈉基玻璃。當這種植物燒成灰燼時，它從鹽水裡吸收的所有鈉會轉成有用的碳酸鈉，而碳酸鈉正是製作玻璃不可或缺的元素。

一枝黃花（Goldenrod）

鼓勵

　　在英國一枝黃花是很受重視的一種庭園花卉，但在美國它卻被認為是一種草。二次大戰期間，一直與亨利·福特[139]保持密切通信的植物學家與發明家喬治·華盛頓·卡佛[140]，在福特的請求下幫他開發合成塑膠。1942年時，卡佛在用多種植物實驗後，終於在一枝黃花上開發出了製造合成塑膠的方法。

一枝黃花
（*Goldenrod*）

劍蘭
（*Gladiolus*）

醋栗
（*Gooseberry*）

亨利藜
（*Good-King-Henry*）

金髮翠菊
（*Goldilocks Aster*）

鹽角草
（*Glasswort*）

金髮翠菊（Goldilocks Aster）

遲緩

　　「金髮」這個綽號一直都被用來熱情地形容各種黃色的開花植物，尤其是那些好像長著一頭蓬亂頭髮的鈕扣頭，例如金髮翠菊，這個雛菊和蒲公英的親戚。此淡黃色的特別品種，最愛在墳墓地帶或石灰岩礁上茂密地生長。

亨利藜（Good-King-Henry）

良善

　　亨利藜通常長在英國的小農舍及蔬菜園裡，它的嫩芽又稱為「窮人的蘆筍」（poor man's asparagus），深受人們喜愛。亨利藜的花用奶油翻炒過後，被當作花耶菜般食用，而烹調其多汁的葉子時所用的方式則與菠菜一樣。

醋栗（Gooseberry）

期望

　　當英國的孩子們問嬰兒是從哪裡來的時，大人有時會告訴他們「去醋栗叢下面瞧瞧」。由於這個民間傳說的厚顏暗示，十九世紀的英國人便稱陰毛為「醋栗叢」。

113

葫蘆花（Gourd Blossom）

大塊頭

葫蘆家族的果實很多，包括南瓜、蒲瓜、櫛瓜，以及各種甜瓜和美洲南瓜等。葫蘆不切開，等裡面的種子乾燥後，它就會變成了一個會發出咯咯聲的東西。古時候有些文化會拿葫蘆當敲擊樂器使用，相信它們所發出的聲音能驅走惡靈。數百年來人們也將葫蘆雕製後作為各種器具使用，如樂器、碟盤、玩具等。

草（Grass）

屈從

參閱116頁

根據愛爾蘭神話描述，一片受過詛咒的草被稱為「餓草」（hungry grass）。任何人走過這種倒楣的草地，注定就要永遠陷於無法滿足的饑餓之中。民間故事說這種草是仙子種的，但很多人懷疑餓草的觀念是在1840年代大饑荒時期[141]形成的。當時無數的百姓受著極度的飢餓之苦。

金絲雀草（Canary Grass）
毅力

黑麥草（Rye Grass）
善變的性情

春茅（Vernal Grass）
窮，但是快樂

草
（*Grass*）

地冠花
（*Ground Laurel*）

白屈菜 （Greater Celandine）

愛的第一個嘆息

　　法國十八世紀詩人兼劇作家安托萬・布黑[142]曾寫過：「愛的第一個嘆息，是智慧的最後一個。」螞蟻會將這種植物的種子搬回它們的巢內，有效地幫助了這種花的散播。自古以來人們就知道白屈菜的醫療作用，一直用它來治療各種疾病，包括消化不良、痛風、性器疣等。

地冠花 （Ground Laurel）

毅力

　　俗稱藤地莓（Trailing Arbutus）、五月花（Mayflower）。地冠花對北美洲的原住民波塔瓦米人（Potawatomi）而言非常重要。他們相信這種植物與部落的神祇有直接關聯，因此一直將之視為部落之花。這種會在地上蔓生且開出芳香白花的植物是麻薩諸塞州的州花和加拿大新科舍省的省花。在此兩地摘地冠花是違法的行為。

白屈菜
（*Greater Celandine*）

葫蘆花
（*Gourd Blossom*）

草 (Grass)

屈從

參閱114頁

現代所謂的草坪通常就是一片方形割得很整齊的綠草地。在歷史上，一大塊除了開闊的空間外沒有其他用途的草坪，是一種露骨的炫富。在文藝復興時期，英式或法式的草地通常會種著像是洋甘菊和百里香這樣的植物，而非綠草。至於草坪的自然保養方式，那就是吃草的牛。

今日我們所知的仔細修剪養護的草坪，是直到十七世紀才引進人們視野的。這種只有很富裕的人才供得起的空蕩蕩景觀，不僅炫耀富人遼闊的地產，也需要仰賴大量人工仔細地用手割或剪才能維持。

北美土生的高大如巨浪般的草，如柳枝稷（switch grass）、須芒草（bluestem）、野牛草（buffalo grass）等，可以長到九呎多高。為了重建歐洲那種連綿起伏的景觀和放牧的草地，殖民者帶來了種子。如今遍及整個美國的草，如肯塔基綠草（Kentucky bluegrass）和百慕達草（Bermuda grass）等，都不是美國原生草種。而它們很快且具侵略性地攻佔了整個北美洲大陸。

十九世紀時，著名的景觀建築師佛德列克·洛·歐姆斯德[143]精心地將規劃過的草坪融入他所喜愛的城市公園設計裡。他最廣為人知的傑作就是紐約市的中央公園，以及波士頓、蒙特羅、和其他主要大城市的公園等。他也設計了只要屋主願意就能養得起一片草坪的郊區住宅。二十世紀時，長島的萊維頓[144]成了美國第一個提供草坪的郊區住宅群——在屋主擁有新家時就已鋪設好。

H

朴樹（Hackberry）

自負

又稱蕁麻樹（Nettle Tree）、洛樹（Lote Tree）。請勿將之與會刺痛人的蕁麻（nettle）弄混了。這種落葉樹的果實和葉子在許多美國原住民——包括達科塔人（Dakota）和波尼族人（Pawnee）——的日常飲食裡經常看到。在《奧德賽》的冒險故事中，荷馬提到了一個住著「食蓮人」的國家[145]。有些學者相信，故事中所提到的「蓮」就是朴樹的果實。持反對看法的學者則建議——由於希臘文lôtos這個字經常隨意地被用來描述許多種互不相干的植物——應該是棗樹（jujube）和藍色睡蓮（blue water lily）。

手花（Hand Flower）

警告

俗稱惡魔手樹（Devil's Hand Tree）、猴手花（Monkey's Hand Flower）。手花的名字取得很恰當，因為它的花看起來很像一隻張開的手掌，手指往外伸。阿茲特克人[146]很敬重這種樹，在他們的那瓦特語中它叫做mācpalxōchitl, 意即「手掌花」。他們會將手花做成藥劑，用來治療心臟病和腹痛。

圓葉風鈴草（Harebell）

悲痛

俗稱巫婆的頂針（Witches' Thimble）、野地的修女（Nun of the Fields）、蘇格蘭藍鐘花（Bluebell of Scotland）等。這種可愛的花朵低垂的藍鐘花生長在野兔遊蕩的蘇格蘭野地裡。根據當地的迷信，在看到一大片圓葉風鈴草時，路過的人要謹慎前行，因為可能會有巫婆把自己變成了野兔，隱藏在花朵之間。據說只要讓一個人戴上一根這種植物的小樹枝，他便會把自己所知的一切吐露出來。

鷹草（Hawkweed）

眼光敏銳

人們常常將之與蒲公英混淆了。這種草花曾經被認為與敏銳的眼力有關。在英國和整個歐洲都有傳說，老鷹會將這種黃色小花的汁液滴入幼鷹的眼裡來增進它們的眼力。在馴鷹術流行的年代，因為這個說法這種植物曾被當作營養補充品餵給鷹吃。十七世紀時，藥草師尼可拉斯·庫爾佩柏[147]曾建議，將鷹草和人乳混合調製後，可用來治療人類所有的眼病。

鷹草
（*Hawkweed*）

朴樹
（*Hackberry*）

圓葉風鈴草
（*Harebell*）

手花
（*Hand Flower*）

山楂樹 (Hawthorn)

希望

俗稱山楂果（Thorn Apple）、五月樹（May Tree, 也譯為英國山楂）。在整個蘇格蘭和愛爾蘭，山楂樹常常被發現長在與宗教有關的泉水或水井旁。這些古老的被稱作「布井」（Clootie Wells）[148]的凱爾特舊址，是用來進行治療儀式的地方。那些尋求療癒者會先將自己滿懷希望的祈禱說給井水聽，接著將一條布浸入神聖的水中，然後再將之綁在旁邊的山楂樹上。到布井朝聖的非基督徒會在那裡敬拜各種自然神靈和女神。基督徒則請求當代聖者給予保佑。

榛樹 (Hazel)

和解

俗稱板栗樹（Filbert）。這種類似灌木的樹所提供的豐富收成就是美味可口的榛子。取自榛樹的樹枝也被占卜者用來探尋地下水源。據說用雙手輕輕握著一支分叉的榛樹枝，它便會往有水的地方彎過去。有人說榛樹枝也可以用來探尋貴重金屬、隱藏的寶藏、或逃亡的殺手等。雖然這個叫做Dowsing（用卜杖探尋水源或礦脈）的技術被認為是一種偽科學，但至今仍有不少英國和美國的農夫在使用這種占卜方式。

堆心菊
（*Helenium*）

石南花
（*Heather*）

榛樹
（*Hazel*）

天芥菜
（Heliotrope）

山楂
（Hawthorn）

石南花（Heather）

孤獨

又稱扇骨木（Erica）。石南在蘇格蘭高地貧瘠且帶酸性的土壤裡長得特別茂密。該地區的民間故事說，開出紅色和粉紅色花的那些品種都是從曾經被血液拋灑過的土地長出來的。在1884年花語狂熱逐漸退燒後，維多利亞女王曾經對人民散佈一個觀念，說那些較不常見的白色石南花是一種好運的象徵。

堆心菊（Helenium）

眼淚

俗稱噴嚏草（Sneezeweed）。威斯康辛州的印地安人梅諾米族（Menominee）把這種花叫做aiatci'a ni'tcîkûn，意思是「斷續打噴嚏」。在古時，乾燥過的堆心菊被用來做成嗅鹽。嗅一下這種嗅鹽會引發噴嚏，人們相信這樣做可以將體內的惡靈驅逐。

天芥菜（Heliotrope）

奉獻

在希臘神話中，極度悲傷的克萊堤亞（Clytie）被日神海利歐斯[149]拋棄。她露宿在一條河邊，九個日夜不喝不睡，只凝望著海利歐斯的馬車東昇西落。眾神將這個水中仙子變成了一朵花，並將之命名為 Heliotrope，意思是「隨太陽轉動」。向日葵常常被誤以為是有向日性的（Heliotropic），然而一旦盛開後，向日葵整天只面向東方。但是，紫色的天芥菜花卻從不停止追隨太陽移動的方向。

121

嚏根草（Hellebore）

醜聞

又名聖誕玫瑰。公元前585年，希臘人在第一次神聖戰爭期間[150]，用嚏根草污染了基拉城的水源。該城百姓因嚴重腹瀉而無法抵抗敵人的圍攻。基拉城最後被輾為平地。

毒菫（Hemlock）

我會因你而死

在古希臘，毒菫常被用來毒殺罪犯。當蘇格拉底在公元前339年以敗壞雅典年輕人的道德這個罪名被定罪時，他被判飲下一杯用毒菫製成的湯汁。他的學生柏拉圖全程目睹他的死亡並詳細記錄了那個折磨的過程。這種植物的葉子壓碎後味道聞起來很像歐洲蘿蔔（Parsnip）或老鼠。

天仙子（Henbane）

不完美

從古羅馬時期至十九世紀氯仿[151]發明前，人們一直用天仙子、曼德拉草（Mandrake）、和罌粟（Poppy）擠壓出來的汁液作為麻醉劑使用。這個混合藥劑常被乾燥處理後保存起來，需要時再用水將它恢復原狀。此藥劑並不可靠，風險也大；病人在手術中有時會感受到一切痛苦，甚或死亡。中古世紀的巫師在儀式進行時，會用這種植物來與亡者溝通。

冬青（Holly）

毒菫（Hemlock）

天仙子（Henbane）

嚏根草
（*Hellebore*）

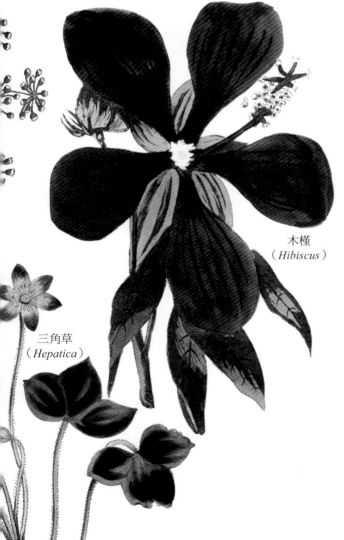

木槿
（*Hibiscus*）

三角草
（*Hepatica*）

三角草 （**Hepatica**）

自信

　　又稱為地錢（liverwort）。這種姿態優美的花，驕傲地閃耀著美麗的藍色和紫色光澤。三角草是以希臘文中「肝臟」這個字命名的，因為它呈三瓣展開的葉片看起來很像那個器官，而人們也相信它可以治療與肝臟疾病相關的問題。它的葉子和花一直都被作為利尿劑使用，不過，這種植物是有毒的，不能大量地使用在人體上。

木槿 （**Hibiscus**）

細緻的美

　　夏威夷或大溪地的女子可以藉由在頭上插一朵木槿來告訴別人其感情狀態。別在右耳後，她在宣告她是單身，且正在尋找對象；戴在左耳後，那麼她已經是名花有主了。這種花的中文名字翻譯過來的意思是「良人即將出現」。（查了，並未看到有此說）

冬青 （**Holly**）

先見之明

　　德魯伊教徒[152]會將冬青的細枝戴在自己的髮間，相信這種植物能幫助他們對抗惡魔。在農神節[153]（古羅馬節慶，後來轉成聖誕節）期間，冬青樹枝是朋友之間互相交換的最受歡迎的禮物。在英國都鐸王朝，聖誕節的慶祝長達12天，在那期間，人們會將冬青及其他冬季的綠色植物搬進室內作為節日的裝飾。許多家庭將冬青編成的花環綁在家裡的紡車四周，使得它不能運作，直到這個盛大的狂歡節慶結束為止。

蜀葵（Hollyhock）

多產

俗稱茅廁花（Outhouse Flowers）的蜀葵，因其又高又可愛的花序，常被種在不雅觀的茅廁外作為遮掩。它的顏色很豐富，從粉紅、大紅、紫色，到黃色、藍色、黑色等，繽紛多采。這種植物筆直的花梗從上到下都被自己鮮豔的花朵遮住，幾乎看不到任何莖梗。

白色蜀葵（White Hollyhock）
女性的野心

深色蜀葵（Dark-Colored Hollyhock）
野心

蜜糖花（Honey Flower）

甜蜜且秘密的愛

蜜糖花在其原生地南非叫做 kruidjie-roer-my-nie，意思是「花兒別碰我」（"herb-touch-me-not"），因為它的葉子被捏揉時會釋放出獨特的氣味。有些人說那味道臭且嗆鼻，有些則說那味道聞起來像似花生醬或蜂蜜。它杯型的花朵裡常填滿了黑色花蜜，有時多到甚至溢出來，是傳播花粉之鳥的最愛。

忍冬
（*Honeysuckle*）

蛇麻
（*Hops*）

蜀葵
（*Hollyhock*）

蜜糖花
（*Honey Flower*）

忍冬（**Honeysuckle**）

愛的束縛

　　強韌的忍冬藤蔓自古以來就被人們拿來做成結實的藤索。在青銅器時代初期，人類用來綁縛組成史前遺跡「水下巨木陣」[154]的樹樁的，就是忍冬的藤索。人類學家相信，這座位於英國諾福克海灘由55棵筆直的橡樹樁所組成的圓形巨木陣，是遠古人類進行儀式的地方。

珊瑚色忍冬（Coral Honeysuckle）
我命運的色彩

斑葉忍冬（Variegated-Leaf Honeysuckle）
兄弟之愛

蛇麻（**Hops**）

不義

　　彎彎曲曲且順時鐘方向生長的蛇麻，所開的花常被加入啤酒裡作為啤酒的安定劑和調味劑。蛇麻攀爬的卷鬚可以沿著格架生長或爬上建築物的外牆。但你若刻意改變它藤蔓生長的方向，它們會自行修正路線、回到自己覺得舒服的順時鐘模式。蛇麻最早被加入啤酒時，是當作抗菌防腐劑使用。為出口到印度而製造的啤酒裡面攙有大量的蛇麻，如此它便能長途旅行而不腐敗。這種特別的啤酒後來就成為大家所知的「印度淡色啤酒」（India Pale Ale）。

鵝耳櫪（Hornbeam）

裝飾品

以前常被當作拱門樹栽種的鵝耳櫪，是大型花園裡很受歡迎的特色設計。鵝耳櫪又稱為鐵樹（Ironwood），其堅硬的木材常被用來做成耐用的物品，例如砧板、工具的把手、輪子、以及簡易器械的釘栓等。

七葉樹（Horse Chestnut）

奢華

七葉樹的花盛開時，它的視覺效果讓人想起從固定架上冒出幾十支筆直蠟燭的老式吊燈。安妮・法蘭克[155]在她的日記裡曾充滿渴望地寫到，在她閣樓的窗戶外可以看見一棵七葉樹。那棵特別的樹是阿姆斯特丹最古老的七葉樹之一。因為安妮為了躲避納粹迫害在閣樓裡躲藏超過兩年，那棵樹對猶太少女而言已經成了自由的象徵。雖然2010年時它被一場嚴重的暴風雨連根拔起，但來自那棵樹的許多幼苗早已遍種全世界。

石蓮花（Houseleek）

家務上的勤勞

石蓮花有一個很長的俗名：「歡迎回家，老公，但別總是爛醉如泥」（Welcome-home-husband-though-never-so-drunk）。神聖羅馬帝國的第一位皇帝查理曼[156]曾下達指令，讓所有屋主在每一座房舍的屋頂上都種上一株石蓮花，用以對抗火災、閃電、巫婆、和瘟疫等。這個迷信在中古世紀歐洲的許多地方都被奉為圭臬，而且直到今天仍有證據顯示，威爾斯人尚保留此一傳統。這個耐旱的多肉植物即便在熱烘烘的屋頂上也能存活，而這個能力深受園藝愛好者的讚嘆。

鵝耳櫪
（*Hornbeam*）

石蓮花
（*Houseleek*）

球蘭
（*Hoya*）

風信子
（*Hyacinth*）

七葉樹
（*Horse Chestnut*）

球蘭（Hoya）

雕刻品

　　又名蠟葉蘭（Waxplant）。 球蘭的花苞緊密地長成一個圓球狀，所開出的星型小花最多可達四十朵，而每一朵看起來都像是用瓷器或蠟完美雕塑出來的。近年有研究指出，球蘭可以淨化室內環境的污染源。

風信子（Hyacinth）

遊戲

　　在希臘神話中，海厄辛斯是一名俊美的斯巴達王子，他和他的愛人阿波羅在玩套鐵環的遊戲時[157]，他的諸多仰慕者之一因為嫉妒便吹起一陣狂風[158]，讓阿波羅投擲出去的一個笨重的馬蹄型鐵環擊中了海厄辛斯的額頭。鮮紅的血從死去的海厄辛斯額頭上湧出，悲傷的阿波羅將之化為美麗的風信子，以紀念這位美少年。

藍色風信子（Blue Hyacinth）
忠貞

羽毛風信子（Feathered Hyacinth）
超凡之美已經迷惑了我

紫色風信子（Purple Hyacinth）
我很抱歉

白色風信子（White Hyacinth）
不招搖的可愛

黃色風信子（Yellow Hyacinth）
我的心要求尊敬多於諂媚

繡球花（Hydrangea）

誇耀者

又名Hydrangea（亦譯為繡球花）。文京區的繡球節（Bunkyō Hydrangea Festival）是日本的許多繡球節慶之一，每年夏季繡球花盛開時在東京的白山神社舉行。不知何故，這個神社自江戶時代（1603-1867年間）以來便與牙齒保健有關聯。參訪者在觀賞美麗繽紛的繡球花時，都會被贈與一把牙刷。

牛膝草（Hyssop）

潔淨

《聖經》裡曾幾次提到牛膝草，例如《詩篇51:7》：「求你用牛膝草潔淨我，我就乾淨」。在《出埃及記》裡有關逾越節[159]的故事裡，猶太人用牛膝草將祭祀用的羔羊血灑在門柱上以避開死亡天使的造訪。天使在看到塗了血的大門時，便知道要「越過」某些人家，讓住在裡面的猶太居民能免於疾病或死亡。

繡球花
（*Hydrangea*）

牛膝草
（*Hyssop*）

鳳仙花
（*Impatiens*）

冰葉菊
（*Ice Plant*）

I

冰葉菊（Ice Plant）

你的眼光讓我凍結

　　在陽光下，冰葉菊會閃閃發光，彷彿結凍且被冰晶覆蓋了般。這種植物的最外層有細小透明的囊狀細胞，能夠儲存水分，在陽光下似乎會閃光。有些冰葉菊的品種所長出的果實和葉子可食用，在全日本的雜貨店裡都可買得到。

鳳仙花（Impatiens）

沒耐性

　　俗稱指甲花（Balsam）的鳳仙花，成熟時只要輕輕一碰，其莢囊裡的種子就會迸出來，散佈到很遠的距離。在韓國，這種花常常被種在房屋四周，以阻止惡靈和疾病的侵入。這種花也被用在韓國染指甲的化妝品裡；將這種花和明礬混在一起可以做出一種半永久性的染劑。韓國有一個迷信說，如果這種染劑的顏色能夠持續到下第一場雪的時候，那麼身上有塗過這種染劑的人就會嫁給她們的真愛。

紅色鳳仙花（Red Impatiens）
別碰我

印地安李樹（Indian Plum）

剝奪

　　俗名擬櫻桃果（Osoberry）、三裂漆木（Skunkbush）。印地安李樹的葉子有一種近似小黃瓜的味道，但它白色的花聞起來則像貓尿，令人嫌棄。雖然這種年初就會開花的灌木其木材相當結實，但它樹幹的直徑很少超過兩吋以上，以致於它的木頭用途很有限。但它堅韌筆直的幼枝一直都被用來製作箭矢、編織針、髮梳等。

鳶尾花（Iris）

訊息

　　以希臘神話裡彩虹女神艾麗絲之名命名的鳶尾花，充滿生氣且色彩繽紛，是春光明媚的代表。艾麗絲是天神的使者，總是迅速地為眾神帶來美好的消息。她神聖的任務之一就是引領良善婦人的靈魂到她們最後的安息地——至福樂土[160]。是故，希臘便有一個傳統，那就是在逝去的婦人墓地附近種上紫色的鳶尾花。也有些人相信吃下鳶尾花可以變得長壽。

火焰鳶尾花（Flame Iris）
火焰

鳶尾花
（*Iris*）

印地安李樹
（*Indian Plum*）

常春藤 (Ivy)

婚姻

　　常春藤並不會接受提供給它的每一個支撐，但是，這種有心型葉片的藤蔓一旦攀附到某一平面上，那就是永遠的事。如果它的附著被切斷的話，它就會死掉。長春藤象徵永恆的結合；希臘人因此有一個傳統：他們會在參加婚禮時，將兩根常春藤作為禮物送給新郎和新娘。

帶有卷鬚的常春藤細枝
（Ivy Sprig with Tendrils）

永不懈怠地取悅

常春藤
（*Ivy*）

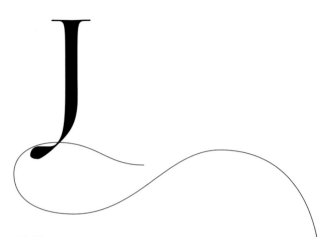

花蔥 (Jacob's Ladder)

下來

　　又名纈草（Greek Valerian）。在《聖經》裡，雅各夢到一座梯子直通到天堂裡。這種植物平均堆疊的葉子形似梯子的踏板。它在古希臘被當作一種草藥，用來治療痢疾、動物咬傷、牙痛等。十九世紀時，此一耐寒的開花植物曾被用來治療梅毒，一般藥房即有販售。

茉莉 (Jasmine)

和藹可親

　　茉莉是全世界最受歡迎的花之一，僅次於玫瑰。它的名字源自波斯文的Yasmin，意思是「上帝的禮物」。它最受人們喜愛之處就是它令人陶醉的香氣。在突尼西亞，一小把茉莉花做成的花束叫做 Machmoum。男人把這芬芳的小花束塞在某一隻耳朵後面來向他人表明自己的感情狀態。

印度茉莉（Indian Jasmine）
我將自己依附於你

西班牙茉莉（Spanish Jasmine）
情慾

黃色茉莉（Yellow Jasmine）
愛的第一個語言

花蔥
（*Jacob's Ladder*）

茉莉
（*Jasmine*）

南歐紫荊（Judas）

背叛

　　花名直譯是「猶大樹」。這種植物是以耶穌背信棄義的門徒之名命名的。據說猶大將自己吊死在這種落葉樹上，使得它盛開的白花全部變成了鮮紅色。因為這個故事，有些人覺得這種樹是惡魔之樹。有的則相信，此樹原來的名字是法文arbre de Judée（"Tree of Judea"[161]，「猶太之樹」）的誤傳，它指的其實是這個樹在古羅馬時生長的地方，一個叫猶太的省份。

杜松（Juniper）

保護

　　自古以來就被用來治療及淨化的杜松，擁有抗菌和防腐的功效。在1918年西班牙流感[162]期間，人們用這種針葉樹的樹脂所提煉出的油來預防傳染。醫院將汽化過的油噴灑四處，以抑制空氣中傳播病原的懸浮粒子。

珊瑚花（Justicia）

完美的女性魅力

　　珊瑚花盛開時花團錦簇，羽毛般張開的花朵鮮艷漂亮，且有許多種顏色，包括粉紅色和珊瑚色。珊瑚花彎曲的苞片讓人想起某種海中生物，給這種熱帶植物贏得「墨西哥蝦仔花」這個名稱。此植物的精油裡含有某些植物化學物質，科學家正在研究它們是否具有抗腫瘤及抗病毒的潛在功效。

杜松
（*Juniper*）

珊瑚花
（*Justicia*）

南歐紫荊
（*Judas*）

蝶形花
（*Kennedia*）

兩耳草
（*Knotgrass*）

K

蝶形花（Kennedia）

智性之美

　　蝶形花是爬藤植物的一種，覆蓋在地面上蔓生，其中點綴著深紅色的莢花，每一朵花的中央有一抹黃色。這種植物的莖梗很堅韌，澳洲的原住民曾經把它們當繩索用。蝶形花俗稱「奔波的郵差」（Running Postman），這個稱呼源自十九世紀澳洲郵政工作人員身上所穿的鮮紅色外套。原住民長老溫朵·皮屈福特姆姆（Auntie Wendall Pitchford）最近曾提議給這種花重新命名為「奔波的戰士」（Running Warrior），以紀念殖民時期那些在稱之為「澳洲邊界戰爭」裡被屠殺的塔斯馬尼亞人[163]。

兩耳草（Knotgrass）

復原

　　又名萹蓄（Polygonum）、豬草（Pigweed）。在整個英國你都可看到兩耳草或白色或粉紅色的花朵沿著路邊生長盛開。莎士比亞在《仲夏夜之夢》裡提到過這種草本植物。萊桑德對赫米亞說：「走開，你這個侏儒，你這個吃了兩耳草長不高的矮冬瓜，你這個小珠子，你這個小橡實！」在那時，這種植物煮出來的湯汁據信會抑制兒童的成長；因此，「吃了兩耳草」就成了評論一個人身材矮小的侮辱詞。

L

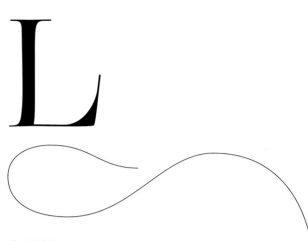

金鍊花 (Laburnum)

憂愁之美

又稱為金雨樹（Golden Rain）。金鍊花樹開花時，一串串懸盪的、甜蜜芬芳的黃色花朵從樹枝間垂掛下來。以前人們製作管樂器時，最喜歡用金鍊花的木頭做材料。這種樹全身上下據說都有毒，會導致頭疼、嘔吐、痙攣、甚至死亡等。

馬纓丹 (Lantana)

嚴苛

某些鳥類，如黑喉織雀（Black-Throated Weaver）和紋胸織雀（Streaked Weaver），喜歡用芬芳且色彩繽紛的馬櫻丹花來裝飾它們的巢。一個獨特且裝飾優美的巢被認為能吸引母鳥前來造訪，因為它是一個「值得擁有配偶」的象徵。

枯葉
（Leaves, Dead）

落葉松 (Larch)

自信無畏

在落葉松明亮的針葉間長著可能會被誤以為是花的洋紅色小松果。隨著春天過去，那些松果會逐漸轉成棕色，到了秋天，針葉則會變成鏽黃色，然後掉落。根據順勢療法[164]醫師艾德華巴哈[165]（巴哈治療系統發明人）的研究，落葉松的精油能夠減輕自我懷疑。用落葉松、白蘭地、和水調成的方劑則可用來提升信心。

薰衣草 (Lavender)

不信任

被古羅馬人用來給洗澡水和洗滌水添加香氣的薰衣草，名字正是來自拉丁文「清洗」這個字。把一個人「放進外面的薰衣草裡」，意思就是給一具屍體準備壽衣，並把那令人不快的屍臭味掩住。這個芳香的掩飾手段就是為何薰衣草與不信任被畫上等號的原因。據說，埃及豔后克麗奧佩特拉便是讓一條隱藏在一束薰衣草裡叫做毒蝰（asp）的小毒蛇給咬死。

枯葉 (Leaves, Dead)

悲傷

「要像樹一般，讓枯死的葉子掉落。」這行出自十三世紀著名波斯詩人魯米[166]的詩句，意指大自然生命的短暫，教導我們要將過往的負擔放下。

薫衣草
（*Lavender*）

馬纓丹
（*Lantana*）

金鍊花
（*Laburnum*）

落葉松
（*Larch*）

141

檸檬香草（Lemon Balm）

開玩笑

　　俗稱檸檬香草的香蜂花（Melissa officinalis）有白色的花朵和淡淡的檸檬香氣。這種植物被認為有令人愉悅的功效，能夠舒緩壓力、焦慮、和脹氣等。養蜂人喜歡這種植物，將它揉碎塗抹在蜂巢上吸引新的蜜蜂。在前希臘時期的神話中，愛神阿弗羅黛蒂的女祭司們就叫做Melissae，意思即「蜜蜂」，而阿弗羅黛蒂就是她們的蜂后。在這位女神的慶典上，人們會準備女子形狀的蜂蜜蛋糕獻給她，向她祝賀。

香檸檬花（Lemon Blossom）

愛情的忠貞

　　1747年，醫生兼自然哲學家詹姆斯·林德[167]為了找出有效治療壞血病的方法做了許多實驗。雖然攝取維他命C的重要性在當時還不為人知，但他成效卓著的實驗已經將檸檬汁加入了水兵的飲食裡。那些患了壞血病的人被給予不同的可能生效的治療。例如，那些飲食裡加了幾湯匙醋或半品脫[168]海水的病患，並未像那些飲食裡加了柑橘的患者般出現迅速的改善。英國海軍醫學院的標誌上就刻有一棵檸檬樹，以紀念林德的貢獻。

香橼（Citron）
壞脾氣的美人

檸檬（Lemon）
風味

檸檬樹（Lemon Tree）
一致

榕毛茛
（*Lesser Celandine*）

香檸檬花
（*Lemon Blossom*）

地衣
（*Lichen*）

萵苣
（*Lettuce*）

檸檬香草
（*Lemon Balm*）

榕毛茛 （Lesser Celandine）

即將來臨的喜悅

　　早春之時這種花的出現就是溫暖的天氣即將到來的徵兆。在C. S. 路易斯[169]的中篇小說《獅子、女巫、魔衣櫥》裡，當獅子阿斯蘭回來後，冰封的冬日森林逐漸融化消失，而榕毛茛盛開的黃花如地毯般覆蓋了大地。

萵苣 （Lettuce）

鐵石心腸

　　在希臘神話中，愛神阿弗羅黛蒂的凡間情人阿多尼斯（Adonis）死亡時就躺臥在一片萵苣中。這個如寓言般的故事可能就是這個植物的俗稱「死人的食物」（"Dead Man's Food"）以及食用太多萵苣會導致陽痿這個想法的由來。

地衣 （Lichen）

孤獨

　　雖然地衣看起來像植物，但它其實是由藻類、藍菌門、和真菌類混合而成的一種有機體。在包裹埃及木乃伊及塞在其體腔內的亞麻布內層裡曾被發現有糠枇假扁枝衣（Pseudevernia Furfuracea）的存在。但目前尚不知這種俗稱「樹苔」（Tree Moss）的地衣被用在木乃伊製作的過程裡，是因為它的香氣還是因為它具有吸收力、抗菌、和保存功能。

紫丁香 (Lilac)

愛的初次悸動

　　春天一到芬芳的紫丁香便花團錦簇地盛開，使得這個灌木之后成了肇始、青春活力、及新生命的象徵。人們相信最容易讓人想起過往的就是氣味，因為它能很快地啟動一個人的情感記憶。1865年當華特·惠特曼[170]乍聞林肯被暗殺的消息時，他正沉浸在自家附近一片紫丁香的芬芳裡。他的詩〈當紫丁香持續在庭前綻放〉便細膩地描述了那令人陶醉的花香對他而言將如何與那件悲劇的傷痛永遠牢牢地黏在一起。

紫丁香
（*Lilac*）

野地紫丁香（Field Lilac）
謙遜

白色紫丁香（White Lilac）
青春

百合 (Lily)

帝王威嚴

參見148頁

　　在西方文化裡，百合象徵近日辭世之人的靈魂。在古時，百合迷人的芬芳喚醒了生命之力量，同時掩飾了屍體的臭味。當代美國的喪葬服務業與裝飾用的花卉之間有比較受侷限的關係，最主要是因為殯儀館學方面的先進技術。花卉的香氣，例如百合，經常被混入防腐液裡。

玫瑰百合（Rose Lily）
稀有

虎百合（Tiger Lily）
華美

白色百合（White Lily）
純潔

黃色百合（Yellow Lily）
虛假

菩提樹
（*Linden*）

鈴蘭
（*Lily of the Valley*）

刺槐
（*Locust*）

百合
（*Lily*）

鈴蘭（Lily of the Valley）

幸福重現

　　法國時尚設計界指標人物克里斯汀‧迪奧[171]用鈴蘭作為其品牌的標誌，將之縫在裡襯、摺邊，或別在自己的翻領上。據說那是他的幸運之花，他的每一場時裝秀裡至少都會有一名模特兒身上戴著一支鈴蘭花。法國每年5月1日舉行的「鈴蘭節」（The Fête du Muguet）在法國是國定假日；在那一天，人們會將鈴蘭花做成的小花束遞送出去以獲得好運氣。而迪奧公司在這一天也會固定將這種花贈給旗下每一位員工。

菩提樹（Linden）

夫妻之愛

　　強韌的菩提樹有心形的葉子和芳香的花朵。在德國大多數小村莊的廣場上都會種有一棵官方的菩提樹。其中有一些聳立在那兒作為村民大會的聚集地點已有一千多年的歷史。這種樹的美國表親就是椴樹（Basswood）。

刺槐（Locust）

至死不渝的感情

　　又名角豆樹（Carob Tree）。古時在中東的市場上，寶石是用刺槐種子的重量來決定它們的價值和大小的。從又長又黑的豆莢裡取出的像豆子的刺槐種子，就被稱作Carobes 或 Caracts——珠寶商用的重量單位「克拉」（Carat）便是源自這個字。一顆刺槐種子的重量通常在 0.20 公克左右，而那正是現代衡量寶石時一克拉的重量。

虎耳草（London Pride）

輕浮

俗稱聖派崔克的甘藍（St. Patrick's Cabbage）、抬起頭來親吻我（Look Up and Kiss Me）、饒舌的帕奈爾（Prattling Parnell）等。佛瑞德烈克・休貝爾（Frederic Shoberl）在他1834年所編寫的《花語》（*The Language of Flowers*）一書裡曾提到，沒有任何花的美比得上虎耳草那由大自然細膩彩繪的灰白色花瓣。作為輕浮的象徵，休貝爾警告說，將這種漂亮的花加入一束作為禮物的花束裡，可能會被認為是對專情的愛人的一種侮辱。

珍珠菜（Loosestrife）

報復

歐洲人將這種受人喜愛的庭園花卉帶到美洲後，它很快就成了兇猛的入侵植物。在美國的許多州，它都被視為一種害草。這種植物每年可散播出高達250萬顆種子，會堵塞濕地、逼死其他植物種類，然後完全改變一地的生態系統。有些人戲稱它為「英俊的流氓」（Handsome Rascal）。

蓮花（Lotus）

雄辯滔滔

蓮花被視為世界上最神聖的花卉之一。它從汙泥裡長出來，然後展開花瓣盛開出一朵純潔的白花。在佛教和印度教的文化中，蓮花代表了真理、完美、和不朽。蓮花有一個獨特之處：它能同時提供蓮蓬、花苞和盛開的花朵。此一特色具體展現了過去、現在、和未來並存的概念。

蓮葉（Lotus Leaf）
取消承諾

虎耳草
（*London Pride*）

珍珠菜
（*Loosestrife*）

魯冰花
（*Lupine*）

紫花苜蓿（Lucerne）

生命

　　自古以來紫花苜蓿就被大量栽培，既可作為家畜的營養補充品，也是人類料理中沙拉裡的綠色蔬菜。苜蓿（alfalfa）這個俗稱源自阿拉伯的一個片語：al-fac-facah, 意思是「所有食物之父」（ "Father of All Food" ）。在六千年前古波斯的遺跡中人們就已發現這種植物的存在。

魯冰花（Lupine）

貪婪

　　Lupine這個英文名字源自拉丁文的 lupīnus，意即「像狼似的」（Wolfish）。以前人們相信魯冰花會貪婪地將自己所生長的土地中的礦物質吸收殆盡。但事實正好相反：這種花能夠吸納空氣中的氮，並慷慨地將被它肥沃後的土地給其他植物利用。

粉紅色魯冰花（Rose Lupine）
想像力

野生藍色魯冰花（Wild Blue Lupine）
她的微笑，是魅力之魂

紫花苜蓿
（*Lucerne*）

蓮花
（*Lotus*）

百合 (Lily)

帝王威嚴

參閱144頁

在中國文化中，百合是送花時很受歡迎的選擇。它是栽種歷史最悠久的花卉之一，人們一直用它來裝飾、入藥；在小亞細亞，人們將之當作食物的歷史超過四千年。女人在生日或結婚時常常會收到百合花。在重男輕女的文化裡，這種花據信能確保誕下兒子。

在人類的所有歷史中，百合都代表著天上的女神。在索馬利亞、巴比倫尼亞、亞述、邁諾斯、埃及、希臘、和羅馬的神話裡，百合花都是多產的象徵。在埃及文化裡，這種花是多產及重生的標誌；許多埃及古墓的壁畫上都發現有百合的圖案。

在羅馬天主教傳統中，聖母瑪利亞的純潔一直被喻為白色的百合花，此般比喻可追溯至公元七世紀。從中古世紀起，尤其文藝復興時期，在泥金裝飾的手抄本中，百合花經常出現在瑪利亞的身旁。在桑德羅・波堤切利[172]的宗教名畫《報佳音》（The Annunciation）中，大天使加百利左手握著一株百合花跪在瑪利亞面前，向她透露她即將誕下基督的訊息。據說瑪利亞的墳墓上長滿了這種花，稱為「聖母百合」（Madonna lily）。如同埃及人和中國人，羅馬天主教也把百合花與重生和復活的概念聯結，使得它成為了復活節期間最受歡迎的一種花。

茜草
（*Madder*）

木蘭花
（*Magnolia*）

茜草 (Madder)

毀謗

　　茜草的花是綠色的，但它紅黃色的根磨成粉末後，會變成鮮紅色。羊兒在啃咬過這種開花植物後，牙齒看起來會血淋淋的。在埃及法老圖坦卡蒙[173]的墳墓裡，研究者發現了用茜草染過的布料，而這種顏料也出現在已成化石的龐貝[174]城的一間顏料店裡。土耳其人發現一個讓這種顏色呈現出最亮色澤的方法，那就是將發臭的蓖麻油、牛血、和糞便等與之混合。這個土耳其秘方，直到1879年化學合成的茜素紅顏料發明後才被淘汰。

木蘭花 (Magnolia)

熱愛大自然

　　木蘭花是很古老的植物，據信在蜜蜂出現前，它就已經存在了——因為它的花粉最早是由甲蟲傳播的。有一個古老的迷信說，把一朵木蘭花放在床底下，這樣便可以確保配偶的忠誠。為了同樣的效果，有些人乾脆將木蘭花的葉子直接縫入床墊裡。這種花的香氣非常濃烈，有傳奇故事曾提及，臥室裡只要放上一朵木蘭花，那香氣就足以致命地制伏一個人。

灰木蘭（Magnolia glauca）
堅忍

荷花木蘭（Magnolia grandiflora）
尊嚴

皺葉剪夏羅（Maltese Cross）

如陽光般閃亮的眼

　　花名直譯是「馬爾他十字架」。這種鮮紅色的花卉有許多俗稱，包括「布里斯托之花」（Flower of Bristol）、「耶路撒冷十字花」（Jerusalem Cross）、「草原剪秋羅」（Meadow Campion）、「深紅剪秋羅」（Scarlet Lychnis）等。人們之所以稱它為「馬爾他十字架」，是因為這種花的花形很像與聖約翰勳章及馬爾他島有關聯的一個十字章紋。傳奇故事曾提到，就是馬爾他騎士在十字軍東征期間，將這種植物從耶路撒冷帶到英國。

毒番石榴樹（Manchineel Tree）

虛假

　　俗稱「死亡樹」（Manzanilla[175] de la Muerte）。一小滴取自這種樹的乳狀汁液——西班牙人稱之為「死亡小蘋果」（"Little Apple of Death"）——便含有劇毒。1521年，西班牙人胡安・龐塞・德萊昂[176]率領一支探險隊進入現為佛羅里達沼澤地公園的區域。在一場與當地原住民卡魯薩人（Calusa）的戰役中，龐塞・德萊昂被一支箭頭浸泡過毒番石榴樹液的飛箭射中了大腿。那些西班牙人逃回了古巴，不久之後，龐塞德萊昂就死了。

曼德拉草（Mandrake）

稀有

　　長久以來，曼德拉草便因為它的根長得像人體而與神奇的傳說產生關聯。古希臘人認為曼德拉草是陽具的一種形態，可用來製成春藥。有迷信說，狀似人體的曼德拉草根，在被拔出土壤時還會大聲尖叫，其音調之高足以讓聽到的人都喪命。據說最安全的拔出方式是，把一隻狗跟這植物綁在一起，不久，那隻被犧牲的狗就會跑掉，同時將曼德拉草的根從土壤裡拔出。

楓樹（*Maple*）

皺葉剪夏羅（*Maltese Cross*）

毒番石榴樹
（*Manchineel Tree*）

萬壽菊
（*Marigold*）

曼德拉草
（*Mandrake*）

楓樹（**Maple**）

保留

　　楓樹的種類有一百多種，包括日本楓（Japanese Maple, 又稱「雞爪槭」）、挪威楓（Norway Maple）、血皮槭（Paperback Maple）等。楓樹在深冬時節開花，嬌小的花朵有許多種顏色。切開糖楓樹（Sugar Maple Tree）的樹皮後所取得的汁液可以煮成甜蜜的楓糖漿。奧吉布瓦族人（Ojibwe）——加拿大南部及美國中西部以北的原住民——把這種糖漿叫做 zhiiwaagamizigan.

萬壽菊（**Marigold**）

絕望；悲傷

　　萬壽菊在古英文裡曾經叫做「瑪莉的金子」（Mary's Gold）；法文的名字則是souci，意思是「悲傷」。阿茲特克人很早就知道這種花具有鎮靜功效；他們會用他們稱之為「霧氣」的萬壽菊來幫助減緩焦慮。在維多利亞時期，人們則用萬壽菊調製的甜酒給那些正承受絕望之苦的人飲用。

孔雀菊（French Marigold）
嫉妒

沼澤萬壽菊（Kingcup Marigold）
渴望財富

墨角蘭（**Marjoram**）

臉紅

　　對希臘人和羅馬人而言，原生於地中海和西亞的墨角蘭，是幸福的古老象徵。它是阿弗羅黛蒂最喜愛的植物。據說用芳香的墨角蘭塗抹自己，就可以夢見自己未來的配偶。

藥蜀葵（**Marsh-Mallow**）

善行

　　古埃及人製作糕點糖果時，便知道加入藥蜀葵的根。在中古世紀的歐洲，人們接受審判時常常被迫將燒紅的烙鐵握在手心裡以證明自己的清白。受害者會偷偷地在自己的手掌上塗上一層厚厚的以藥蜀葵汁、飛蓬籽（Fleabane Seed）、和蛋白調製成的膏狀物，以便較能承受那個殘酷的考驗。

苦丁香（**Marvel of Peru**）

膽怯

　　在法國，這種顏色繽紛的花叫做「夜美人」（bell de nuit），因為這種害羞的形似喇叭的花朵只在晚間時分盛開、散發芬芳。從其繁茂的花叢所散發出來的獨特的麝香香氣，並非人人都喜歡。同一株苦丁香會開出多種不同顏色的花，且隨著成熟長大，還會改變顏色；黃色的花可能變成粉紅色，而白色的花也可能變成淡紫色。

藥蜀葵
（*Marsh-Mallow*）

墨角蘭
（*Marjoram*）

繡線菊
（*Meadowsweet*）

苦丁香
（*Marvel of Peru*）

山靛
（*Mercury*）

木樨草
（*Mignonette*）

繡線菊（Meadowsweet）

無用

　　這種芳香的花卉是伊莉莎白一世的最愛；她喜歡把它們到處灑在地板上。新鮮剪下來的繡線菊能夠遮掩任何令人不悅的氣味。在十四世紀，蘇格蘭人釀啤酒時，原本名為meadesweet或meadwort的這種植物是必加的原料之一。在威爾斯一座有四千多年歷史的石碑裡，考古學家探勘到有火化的遺骸和這種植物混合的痕跡。同樣將繡線菊與屍骨結合在一起的喪葬儀式，也在奧克尼群島[177]青銅器時期所遺留下的石棺中被發現。

山靛（Mercury）

良善

　　山靛的雄花和雌花長在不同的植株上，傳播花粉時要靠風幫忙。Mercury在金屬裡指的是水銀，在羅馬神話裡則是溝通之神墨丘利。林奈烏斯（Linnaeus）[178]在指定植物的性別時，借用了圖形、煉金術、和行星等的符號。金星（Venus）就是將植物標記為雌性的簡寫；火星（Mars），是雄性；而水星（Mercury）就是雌雄同體，或兩者皆雄或皆雌。

木樨草（Mignonette）

你的內涵超過你的魅力

　　這個不起眼卻很芳香的花在維多利亞時期常被用來製作香水或「百花香」（將乾燥花瓣和香料混合後放在罐子或盒子內，能散發香味）。它的名字取自法語，意思是「我的年輕修女」（"my young nun"）。拿破崙在埃及作戰時，費盡心機地為他心愛的約瑟芬找到了這種植物。在十九世紀歐洲，人們喜歡把木樨草種在窗口的花壇裡，以便遮掩住從外面飄送進來的不太好聞的城市味道。

黃芪（Milkvetch）

你的在場緩解了我的痛苦

　　俗稱黃耆（Astragalus）、瘋草（Locoweed）。瘋草這個名字來自西班牙文，指的是家畜在吃了這種花後被目睹到的反應。雖然以前人們相信它對羊奶產量有積極效果，但眾所周知它也會在某些動物身上造成沮喪及神經損傷。

遠志（Milkwort）

隱居之處

　　據稱歐洲阿爾卑斯山的隱士會在他們獨住的隱居之處周圍種植遠志。遠志曾經被稱為祈禱節[179]之花，因為在耶穌升天日之前的祈禱節那一周的遊行裡，人們會用它來裝飾手握的長竿和頭戴的花冠。

含羞草（Mimosa）

敏感

　　俗名知羞草（Shame Plant）、感應草（Sensitive Plant）、別碰我（Touch-Me-Not）。含羞草被碰到時，一個保自我保護的反射作用會讓它的葉子合起來。有傳說說，1886年衣索匹亞皇后泰圖·貝圖爾[180]發現了一種稀有且美麗的花；她請求她的丈夫孟尼利克二世[181]在那種花生長的土地上為她建造一個家。不久，那塊土地成了該國的首都，城市的名字叫做Addis Ababa, 阿姆哈拉語（Amharic）的意思即是「新花」（New flower）。有些人相信那個首都的名字其靈感來自這種花。另有些人則說，雖然含羞草很漂亮，但那種花在該地區非常普遍，她應該早就看過了。

黃芪
（*Milkvetch*）

含羞草
（*Mimosa*）

薄荷
（Mint）

薄荷 (Mint)

美德

　　綠薄荷是口香糖、糖果、牙膏、漱口水等最受歡迎的口味之一，長期以來一直都因其著名的抗菌和防腐功效而受到廣泛使用。最新研究指出，學生讀書時若一邊嚼綠薄荷口香糖，他們的記憶力和認知能力都可能獲得提升。在中古時期，薄荷被當作殺菌的芳香藥草使用，人們將之放進沐浴水裡及灑在房屋四周。

胡椒薄荷（Peppermint）
情感的溫暖

槲寄生 (Mistletoe)

我克服所有困難

　　這個寄生在橡樹梢及其他樹梢上的灌木植物，最有名的地方就在於它所代表的聖誕節傳統。人們會在聖誕節期間將槲寄生的樹枝掛在走道上，而如果兩個人發現他們碰巧站在它下方，他們就要給彼此一個吻。非基督徒將這種灌木視作男性生殖力的象徵，以其白色的漿果代表精子。羅馬人則將這種植物與愛及和平聯結，將它掛在走道上方作為家裡的護身符。

遠志
（Milkwort）

槲寄生
（Mistletoe）

山梅花 （Mock Orange）

冒牌貨

山梅花之所以被稱作mock orange（直譯「假柳橙」），是因為它的花與柳橙和檸檬樹的花很相像；它的味道也讓人想起柑橘類和茉莉花的香氣。有時它也被叫做菸斗樹（Pipe Tree），因為加拿大西部和土耳其的原住民以前就是用這種灌木掏空的莖梗做菸斗。

錢幣草 （Money Plant）

誠實

錢幣草在春天時會開出紫色的花，之後結出半透明、薄如紙，看起來像銀幣的種子莢。它的拉丁文屬名lunaria，意思是「月亮形的」(Moon-Shaped)。巴伐利亞醫生約翰尼斯·哈爾特利葉柏（Johannes Hartlieb）在他的書《所有禁忌的技藝、異教、和巫術》（*The Book of all Forbidden Arts, Heresy, and Sorcery,* 1456）裡分享過一個製作魔法藥劑的配方，其中之材料就包含了這種植物。他建議說，為了達至最強功效，每一種植物都應該在某一特定日採摘。這個月形的花必須在星期一摘下；山靛屬的植物（Mercurialis）在星期三；而燈臺草（Turnsole）或向日葵屬的(Solsequium)植物，則在星期天。

山梅花
（*Mock Orange*）

錢幣草
（*Money Plant*）

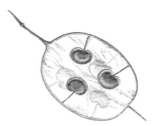

貫葉連翹
（*Moonwort*）

烏頭
（*Monkshood*）

牽牛花
（*Morning Glory*）

烏頭（**Monkshood**）

騎士精神

又名附子草（Wolfsbane）、扁毒（Aconite）。烏頭是惡名昭彰的毒藥，在與藥草相關的民間故事裡，它被稱做「死亡之吻」（"Kiss of Death"）。許多文化在狩獵或戰役裡都曾使用浸泡過這種植物汁液的箭頭。在古羅馬時代末期，這種植物因為與其相關的致死事故大增而在歐洲許多地方遭到禁止。栽種這種安全帽形狀的花會被處死刑。

貫葉連翹（**Moonwort**）

健忘

連翹在夏季末枯萎後，常常沉睡許多季節忘了要重新生長，直到哪天它忽然決定再度出現。這種會產生孢子的蕨類植物能夠在地底下沉睡一年，甚至更久。

牽牛花（**Morning Glory**）

熱情

用牽牛花的種子泡茶喝，其所產生的興奮效果堪比服用迷幻藥。馬雅人飲用這種花茶來促進靈台清明。阿茲特克祭司用它的種子來誘發入定狀態。牽牛花種子——可能是做治療儀式用——的痕跡，曾在歷史可追溯至公元前250年的一些容器裡被找到。

紅色牽牛花（**Red Morning Glory**）
我將自己依附於你

五福花（Moschatel）

軟弱

俗稱五面主教（Five-Faced Bishop）、市政廳大鐘（Townhall Clock）、麝香根（Muskroot）等。五福花喜歡陰暗潮濕的地方，花粉的傳播基本上靠蝸牛。這個五面花看起來好像在往每一個方向看，類似一座每一個鐘面都向外的市政廣場大鐘。

苔蘚（Moss）

母愛

在某些氣候區，人們知道苔蘚能在酷寒的天氣裡保護植物的根部。北歐極北地區的拉普蘭人[182]在為冗長的冬季室內生活做準備時，會用苔蘚覆蓋他們建於地底的家。人類也發現小鳥在為雛鳥建立舒適溫暖的窩時，會沿靠著苔蘚築巢。

苔狀虎耳草（Mossy Saxifrage）

熱情

"Saxifrage"在拉丁文的意思是「碎石機」；這種開花植物在崎嶇的岩石地帶長得特別茂盛，人們相信它正是因為能這樣從石縫裡鑽出來才獲得了此名稱。結果它就被當做植物性補藥來排除腎結石。

山月桂
（*Mountain Laurel*）

五福花
（*Moschatel*）

益母草
（*Motherwort*）

苔蘚
（*Moss*）

花楸
（*Mountain Ash*）

苔狀虎耳草
（*Mossy Saxifrage*）

益母草（Motherwort）

隱藏的愛

　　在日本，益母草與長壽有關聯。日本有一個民間故事，說某村落裡面住的每一個人都活了超過一百歲，因為他們的水源流經了一片益母草。每年9月9日在「益母草花之月」期間，日本會舉行一個頌揚這種植物的慶典，參加者都會吃益母草配米飯和清酒。「飲下益母草，好叫你的子孫絕望」——隨著益母草的風行逐漸西移，這句古老的日本諺語也在歐洲流行起來。

花楸（Mountain Ash）

審慎

　　俗稱羅文樹（Rowan）、巫婆樹（Witch Tree）。這種小樹因為生長在德魯伊教徒的聚落及岩層的附近，人們便對它有很高的崇敬，認為它可以對抗邪靈。它鮮紅色漿果的下側會起皺摺，擠出一個五芒星的形狀來。以前高原地帶的酪農場女工，在驅趕牛群時手上總是拿著一把花楸樹枝，相信這樣就能保護動物免於危險。

山月桂（Mountain Laurel）

野心

　　又稱美國山桂（Calico Bush）、寬葉山月桂（Spoonwood）。山月桂的花盛開時，花團錦簇、層層疊疊，粉紅帶白的花色非常吸引人。這種樹並不屬於真正的月桂科（Laurus nobilis），而是杜鵑花科的（Ericaceae）。切羅基人（Cherokee）會用一把長著硬毛的山月桂葉子刮擦患有類風濕性關節炎的人患處上方的皮膚，接著再用擠出的葉汁塗在皮膚上作為止痛劑。

動草（Moving Plant）

不安

又稱為舞草（Dancing Plant）。動草是少數能夠快速動作的植物之一；其他品種包括含羞草（Sensitive Plant）和捕蠅草（Venus Flytrap）。這種植物的葉片一整天都會有節奏地抖動，較大的葉片慢慢地上下動，較小的葉片則動的比較快。達爾文稱這種植物為「電報植物」（Telegraph Plant），因為他注意到，它跟電報機——一種可以從遠方發送特定訊息的機器——之間有相似處。

艾草（Mugwort）

快樂

又名艾蒿（Artemisia）。薩萊諾的特洛塔[183]是中古世紀末一位具有開創性的義大利女醫生。據說她在婦科方面的論述流傳極廣，為她在十二世紀及十三世紀贏得許多名聲。在她的藥方裡，艾蒿是核心藥草；她用它來做避孕藥或墮胎藥。現代的科學證據對她的理論有不少支持。這個有樟腦氣味的草本植物在現今流行的藥草陰道蒸氣療法[184]裡經常被用到。

艾草
（*Mugwort*）

毛蕊花
（*Mullein*）

蘑菇
（*Mushroom*）

桑葚花
（*Mulberry Blossom*）

動草
（*Moving Plant*）

桑葚花（Mulberry Blossom）

智慧

　　十九世紀初，殖民者將白桑樹從亞洲引進美洲，意圖發展絲綢工業。但這個計畫最後被放棄了，因為它的過程──包括養蠶寶寶、從煮過的蠶繭抽絲等──對美國人而言太辛苦了。儘管如此，這種樹生長並拓展得極快，如今全美國都有它的身影。

黑桑葚（Black Mulberry）
我不會活得比你久

毛蕊花（Mullein）

健康

　　由於貴格教派的婦女不得使用化妝品，於是她們便使用黃色毛蕊花作為她們違禁的美容工具。她們把它柔軟多毛的葉子柔擦在自己雙頰上，來造成一種過敏反應，如此便能給她們蒼白的臉色一點紅潤的效果。

蘑菇（Mushroom）

懷疑

　　在菌類植物的國度裡，有些蘑菇很美味，有些能讓人產生幻覺，有些則含有劇毒。據說西百利亞北部的歐亞族巫醫就會使用對精神會造成影響的毒蠅傘[185]。吃下這種紅頭其上佈滿白點的有毒菌菇，可以達致一種恍惚的狀態。當這種菌菇穿過泌尿系統後，其對精神產生影響的強效因素仍存在尿液裡。許多人會將那尿液喝下，以再次體驗那種迷幻效果。

163

麝香植物（Musk Plant）

軟弱

　　因為它的香氣很受歡迎，麝香植物在維多利亞時期受到廣泛栽培。奇怪的是，所有已知品種都在1913年左右開始失去它們的招牌香氣。解釋這個神秘事件的理論有幾個：也許人類聞見這種植物的嗅覺能力喪失了；或者，這種氣味是由某種寄生蟲造成的，而這種寄生蟲不知何故滅絕了。

芥菜籽（Mustard Seed）

冷漠

　　在梵文裡，這種植物稱為「魔女」（"she-devil"）或「女巫」（"Witch"），因為印度人曾一度相信芥菜子可以用來把女巫找出來。儀式在夜間進行，人們把芥菜籽油滴進一盆水裡，而村裡每一個女子的名字都會被隆重地唱誦出來。如果在某女子的名字被唱到時，水裡出現了一個女子身影，那麼就意味著該女子是一個女巫。

桃金孃
（*Myrtle*）

麝香植物
（*Musk Plant*）

櫻桃李（**Myrobalan Plum**）

剝奪

　　有別於我們腦海中可能出現的那種多汁的李子，這種樹所結出的果實有如櫻桃，就叫做櫻桃李，其滋味卻叫人不敢恭維。這種植物是二十世紀初由巴哈花精療法所創的順勢療法[186]裡被使用的植物之一。此種特殊的植物精油據稱能治療對失控的極度恐懼。

桃金孃（**Myrtle**）

愛情

　　桃金孃毛絨絨又芳香宜人的白花自古以來就與愛情、責任、和熱情有關聯。古羅馬詩人奧維德在其詩文裡描述，維納斯手握一支據說能激發性慾的桃金孃，站在半個貝殼裡從大海中冉冉出現。古羅馬的慶典維納斯節（Veneralia）就是為了崇敬據信能夠鼓舞貞潔的「桃金孃維納斯」（Venus Verticordia, 維納斯的別稱）。每年4月1日，人們會將她的雕像從神廟裡移出來，搬到男人的澡堂，在那裡女僕會除下它身上的衣物、幫它滌洗、然後給它戴上用桃金孃編成的花冠裝飾它。

櫻桃李
（*Myrobalan Plum*）

芥菜籽
（*Mustard Seed*）

N

金蓮花（Nasturtium）

愛國精神

　　在希臘羅馬時期，戰士會將戰敗的敵人的武器掛在樹梢上，作為凱旋的象徵。"Trophy"（戰利品）這個字，以及金蓮花的拉丁文名字 "Tropaeolum majus"，就是源自這種被稱為 "Tropaion" 的紀念遺址。林奈烏斯在給這種鮮麗的花命名時，靈感便是來自它形似盾牌的葉子和好像血淋淋頭盔的花瓣。

深紅色金蓮花（Scarlet Nasturtium）
尚武的戰利品

黑種草（Nigella）

困惑

　　俗稱「迷惑中的愛」（Love in a Puzzle）、「迷霧中的愛」（Love-in-a-Mist）、「坐牢的傑克」（Jack in Prison）等。黑種草藍白色尖尖的花瓣漂蕩在一團神秘的、有如霧氣般線狀的葉片中。原生於中東和地中海沿岸有著絲帶狀葉子的黑種草，自己找到了飄洋過海到英國的路，並成了伊莉莎白時期農舍花園中令人喜愛的植物。

火龍果花（Night-Blooming Cereus）

轉瞬即逝的美

　　俗稱「晚間之后」（Queen of the Night）、「馬槽中的基督」（Christ in the Manger）。火龍果花是一種一年只開花一次且花期只有一晚的仙人掌；太陽升起前，它便凋萎了。以白天形狀出售的這種花，是傳統中藥使用的花卉之一，可做成據說可以給肺臟解毒的湯。

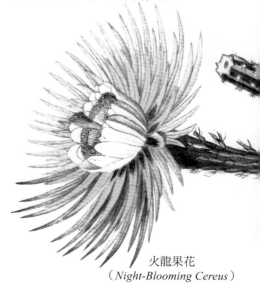

火龍果花
（*Night-Blooming Cereus*）

黒種草
（*Nigella*）

金蓮花
（*Nasturtium*）

夾竹桃
（*Oleander*）

野生燕麥
（*Oats, Wild*）

橄欖枝
（*Olive Branch*）

橡樹
（*Oak*）

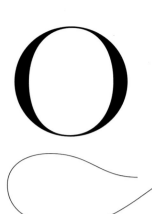

橡樹 (Oak)

好客

在古羅馬時期，在戰場上救過羅馬人性命的人會獲贈一頂用綠色橡樹枝所編成的頭冠。如果一個戴著這種頭冠的人進入室內，那麼按照習俗所有人都必須起立向他致敬。一個英雄一旦獲得這樣的殊榮，他便永遠有資格戴著它。

常綠橡木（Evergreen Oak）
自由

橡樹葉（Oak Leaves）
勇敢

白橡木（White Oak）
獨立

野生燕麥 (Oats, Wild)

有魔力的音樂之魂

「幹風流事（直譯是：播種你的野燕麥）」（Sowing Your Wild Oats）這個成語可追溯至十六世紀，且很可能指的是我們今日所知的那種燕麥被栽培之前便存在的一種草。這個現代成語所描繪的是：年輕人在安定下來、結婚、生孩子之前，總會有探索自己野性的衝動，到處拈花惹草。

夾竹桃 (Oleander)

小心！

十九世紀有一則傳奇，說在某駐紮地待戰的法國士兵拿夾竹桃的樹枝當叉子把肉叉起來燒烤。結果十二個人死亡，五個人病重。這個故事有許多版本。2005年時加州大學爾灣分校做了一項實驗，他們用夾竹桃樹枝叉熱狗烘烤，來反駁這個傳說。儘管這個植物絕對有毒，但毒物學分析卻指出，用這種方式烘烤食物，致命的夾竹桃成分其量微不足道，而且不大可能造成任何傷害。

橄欖枝 (Olive Branch)

和平

參閱172頁
從橄欖萃取出來的黃金色汁液在古時的化妝品裡是一個關鍵成分。某些最早的眼影就是用磨成粉狀的礦物質或木炭加橄欖油調製而成。古希臘的運動員在裸體訓練前，會用橄欖油塗抹全身。亞里斯多德在他的著作《動物誌》（*History of Animals*）裡宣稱，將橄欖油塗在子宮頸可以避孕。

橙花（Orange Blossom）

貞潔

　　橙花長久以來都與婚姻有關聯。希臘諺語「去採一些橙花吧」（"go gathering orange blossoms"），就是建議男人趕快去找個老婆。十七世紀義大利時髦的女性，內羅拉城（Nerola）的公主安瑪莉‧奧西尼（1642-1722），對苦澀的橙樹所長出來的味道香甜的橙花非常著迷。她堅持用這種花薰香她的手套和沐浴水。著名的橙花精油便因她而取名Neroli。

橙（Orange）
慷慨

蘭花（Orchid）

美人

參閱174頁

　　形狀像睪丸的蘭花球莖一直都與性以及男性雄風有關聯。在奧圖曼帝國，用它調製成的方劑被當作春藥服用。將莖塊磨成粉狀後，稱為蘭莖粉（Salep）；這是叫做sahlab這種飲品裡的主要成分。十七世紀時，此種飲料在英國和德國流行起來，叫做沙露普（Saloop）。十九世紀時，有謠言說這飲料是用來治療性病的，它因此逐漸失去人氣。但做成熱飲，加入牛奶與很多肉桂粉的sahlab，在土耳其仍是寒冬裡很受人們歡迎的享受。

蜂蘭（Bee Orchid）
勤勉

蛾形文心蘭（Butterfly Orchid）
歡欣

嘉德麗亞蘭（Cattleya Orchid）
成熟的魅力

橙花
（Orange Blossom）

紫萁
（Osmunda）

彗星蘭（**Comet Orchid**）
高貴

蠅蘭（**Fly Orchid**）
失誤

蛙蘭（**Frog Orchid**）
憎惡

拖鞋蘭（**Lady's Slipper Orchid**）
善變的美人

蜘蛛蘭（**Spider Orchid**）
靈巧

蠅蘭
（*Fly Orchid*）

紫萁（**Osmunda**）

夢想

　　紫萁是典雅高貴的開花蕨類植物，據說擁有神奇魔力。根據斯拉夫的民間傳說，任何人只要採到一片紫萁葉子，便能獲得抵抗惡魔的力量。怎麼採？據說取得葉子的唯一方法就是：在植物的周圍畫一個圈，接著走入這個圈中，然後忍受惡魔的嘲諷。

蘭花
（*Orchid*）

橄欖 (Olive)

和平

參閱169頁

「遞出一支橄欖枝」是一個比喻的說法，意思是有意願也渴望拋開歧見並結束一個衝突。長久以來橄欖一直都是用於祈禱祝福、淨化儀式、以及象徵永恆希望的一種聖樹。

在古希臘，戰場上及運動場上的佼佼者會被贈與用不同植物的枝條所編成的頭冠。皮堤雅競技會[187]的冠軍會被贈與月桂頭冠；尼米亞競技會[188]用的是野芹（Parsley）頭冠；而地峽運動會[189]的勝利者會戴上松樹枝編成的頭冠。奧林匹克競技會的冠軍所戴的頭冠是以野橄欖枝編成的。原始的奧林匹克聖火所燃用的油就是橄欖油。

位於伯利恆附近的阿爾巴德威橄欖樹(Al Badawi Olive Tree)也許是世界上最古老的活橄欖樹。它的名字來自一個長期在那棵樹下修行的埃及蘇菲派教徒的名字。2010年時，科學家以炭紀年法測定了那棵樹的樹齡，它介於3,000到5,000年之間。雖然無人能確知，但它很可能在伊斯蘭教、基督教、和猶太教出現前就已經存在了。

在《聖經》舊約的《創世紀》裡，橄欖葉被認為是一種充滿了希望的和平象徵。當白鴿給諾亞叼來橄欖枝時，洪水結束了。在猶太教的光明節期間[190]，慶祝者會吃用橄欖油炸的馬鈴薯餅、甜甜圈、及其他食物。人們用橄欖油來紀念公元前二世紀期間發生在耶路撒冷的一個奇蹟事件。生活在暴君安堤阿古四世的壓迫統治下，猶太人不能信奉自己的宗教，並被迫崇拜希臘諸神。在一場血腥的屠殺中，聖殿山上的第二聖殿遭到褻瀆，殿內聖物亦被掠奪。在一次成功的反擊後，猶太人重新開始供奉他們的聖殿。儘管殿堂裡七燈燭台裡的油所剩無幾，但那象徵性的永恆之火仍然不可思議地連續燃燒了八天。

蘭花 (Orchid)

美人

參閱170頁

　　"Orchid"這個字是為形容這種花的管狀根而起的名；它源自希臘文"orkihis"，意思是「睪丸」。古希臘人相信，蘭花粗肥且含有汁液的根是一種可同時強健身體並激發性欲的催情劑。他們也相信，懷孕婦女可以利用這種花來影響其腹中胎兒的性別。吃下粗大的根可確保生個男娃娃，而吃下細小的根，則會生個女嬰。

　　有許多蘭花品種其外型看起來就像幫它們傳粉的昆蟲。比如蜂蘭（Bee Orchid）就是一種會性矇騙的多年生植物。它不但會釋放出一種與昆蟲的性費洛蒙極相似的化合物質，而且長有一個帶絨毛、形似雌蜂的花唇瓣。一旦雄蜂與這朵蘭花「交配」，它全身就會裹滿花粉，然後帶到其他地方去。

　　馬達加斯加島彗星蘭（Comet Orchid）的蜜汁全積聚在狹窄的蜜距底部，其深度有時達12英寸。達爾文懷疑這種花的傳粉昆蟲一定有一個同樣長度甚或更長的吸食器官。在1862年，人們覺得那樣的假設很荒謬。四十幾年後，鄰近的馬達加斯加島長喙天蛾（Hawk Moth）終於被觀測到是彗星蘭的天然傳粉昆蟲。它擁有一個管狀吸食器官，從嘴裡伸出來時，長度可達8到14英寸。

P

棕櫚葉（Palm）

勝利

　　在地中海和近東地區，這種葉子自古以來就是勝利和凱旋的象徵。在希臘，競技會的冠軍們都會被贈與棕櫚葉。在古時，凱旋而歸的士兵會在隊伍行進時高舉著棕櫚枝，以宣告打敗敵人贏得勝利。

三色堇（Pansy）

思慕

參閱178頁
　　傳奇故事中將三色堇當作一種算命方式，其歷史可追溯至亞瑟王時期。摘下花朵外層的一片花瓣，花瓣上肉眼可見的脈絡數目據信就是你的命運。四條脈絡象徵希望，七條確定永恆之愛，八條則意味著善變的感情。數一數若有11條，那麼它是一個警示：目睹這些脈絡者，他的愛情將會早逝。

紫色三色堇（Purple Pansy）
你佔據了我的思維

野生三色堇（Wild Pansy）
閒暇之愛

黃紫色三色堇
（Yellow-and-Purple Mixed Pansy）
勿忘我

棕櫚葉
（*Palm*）

三色菫
（*Pansy*）

三色菫 (Pansy)

思慕

參閱176頁

三色菫之所以與思慕和回憶有關，是因為一個簡單的語音學理由。"Pansy"這個字聽起來與法文字"penser"（"To Think"，思考）近似。三色菫擁有光滑如天鵝絨般的心形花瓣，而被這樣美麗的花所召喚出來的思慕，本質上就是溫柔又熱情的。

有史以來，三色菫也被當作一個貶抑的詞彙，用來羞辱有脂粉氣的男同性戀者。這個隱含毀謗的花，於是成了缺乏男性氣概的暗稱。在這麼多擁有類似特質的花卉品種中，為何單單選中了三色菫？

這種花的葉子曾被凱爾特人用來調製催情茶。莎士比亞在寫作《仲夏夜之夢》時，可能也想到了這個古老的民間茶飲。在莎翁筆下，三色菫的力量是愛神邱比特所賜與的，他的弓箭射穿了一朵白花，用「愛的傷口」將它變成了紫色。仙王奧布朗將三色菫的汁液滴入之前與他爭吵不休而今睡著了的仙后堤塔妮亞的眼中。這個詭計被認為能讓「一個男人或女人瘋狂地愛上他睜眼後第一個看到的生物，不管它是一隻獅子、熊、或狼、或牛，或是搗蛋的猴子、或忙碌的猿猴。」堤塔妮亞愛上了一個腦袋被換成了驢頭的雅典織布工。會不會是因為這個原因，以致現代恐同的標籤借用了莎劇中所描繪的花情，也就是「脂粉氣的男子」（Pansy的另一個定義）總是不分青紅皂白地陷入情網，甚至將目光放在同性這種「不恰當」的人身上？

三色菫的紫曾短暫地被捧為最新潮的顏色而廣泛流傳。1924年時，《時尚》雜誌（Vogue）推薦這種紫色是秋帽最漂亮時髦的顏色，然而隨著紫色衣飾的大量生產，這個顏色幾乎一夕間成了昨日黃花。此潮流消退時正是高爾夫球裝和領帶的巨量定單衝擊男士服裝市場之時。最後世人的看法是，只有奢糜的花花公子或浮誇的時尚受害者才敢大剌剌地戴上一條紫色領帶。

這些文化聯想將三色菫與脂粉氣的同性戀緊緊綁在一起，這種花也成為了駭人汙點的化身。然而，1920和1930年代期間，這個詞的負面暗示卻因一波轟轟烈烈的三色菫狂熱而有驚人的反轉。在禁酒期間[191]，男同性戀者經營的酒吧和夜總會在紐約如雨後春筍般興起。「三色菫酒吧」（The Pansy Club）是一間非法經營的酒吧，它也是提供精采娛樂的場所，包括華麗的變裝秀，如「遊行中的三色菫」。汙點被洗白後，那些非法酒吧受到各類顧客的青睞，包括好奇的文化觀光客和那些想找個地方偷偷喝一杯的人。保守的顧客也能容忍它的同性戀氛圍；他們將那個表演風格視為輕歌舞雜耍的一種，而那是他們早已相當熟悉的一種藝術形式。不久，在一連串警方突襲、幫派槍戰、以及與犯罪集團有掛勾的房東的各種問題後，這個方興未艾的表演文化及其對同性戀的公開頌揚，最終撤退到了地下隱密之處。

香芹 (Parsley)

慶典

　　古希臘人和羅馬人用香芹做成的頭冠給競技會上的勝利者加冕，也用它來裝飾先人的墳墓。這種植物通常是逾越節時放在餐盤上的六種象徵性食物之一。宴席時，這個叫做卡帕斯（Karpas）的綠色蔬菜所代表的是希望和新生。食用前，香芹被莊嚴地浸入代表眼淚的鹽水中，來象徵希伯來人在埃及為奴時的痛苦。吃下後，痛苦和新生就象徵性地被同時品嘗。

白頭翁花 (Pasque Flower)

你沒有權利

　　白頭翁花的名字來自希伯來文的"pasakh"這個字（"Passover"，逾越節），一般象徵了復活節、逾越節、新生、和春天等。有傳奇故事說，這種花只有在拋灑過羅馬或丹麥士兵的血液的土壤中，才會盛開。

西番蓮
（*Passion Flower*）

香芹
（*Parsley*）

白頭翁花
（*Pasque Flower*）

桃花
（*Peach Blossom*）

梨花
（*Pear Blossom*）

西番蓮（**Passion Flower**）

宗教迷信

十六世紀時，當耶穌會的教士和征服者們抵達南美洲時，一種當地的開花藤蔓讓他們想起了耶穌的受難。它的五根雄蕊代表了耶穌的五個傷口；五個花瓣和五個萼片加起來代表了十個忠實的門徒；它的花冠則是荊棘冠冕；三根雌蕊，就是用來將耶穌釘死在十字架上的鐵釘。最後，它的子房代表了天主的酒杯。當地的原主民一直都很享用這種藤蔓植物所結出的滋味美妙的黃色果實。耶穌會神父們對此的詮釋是，那是原住民渴望基督教義的象徵。

桃花（**Peach Blossom**）

我是你的俘虜

原生於中國西北方的這種落葉喬木，會結出甜蜜多汁的桃子。這種水果全球超過一半的供應量來自中國。古時，中國的統治者用這種樹的枝條來保護自己免於惡靈的侵擾。據說鬼害怕這種特別的木頭。新年來到時，地方官員們會在他們的門口上方放置桃木枝作為保護，而人民用的則是桃木做的魔杖。

梨花（**Pear Blossom**）

安慰

在德國和瑞士的某些地區有一個傳統，人們會在婚禮時種一棵樹，然後在每個孩子誕生時，再各種一棵。為了慶祝男孩誕生，他們會種一棵蘋果樹；生女孩的話，則種一棵梨樹。

菥蓂（Pennycress）

執拗

在整個歐亞地區及美洲許多
地方，菥蓂都被認為是一種普通
的草；它有著白色、淡紫色、或
粉紅色的小花，以及裡面包著橢
圓形深色種籽的綠色扁平豆莢。
其圓形的囊莢很像英國的一便士
銅幣。菥蓂已經證明能夠淨化土
壤中的重金屬，如鋅和鎘等。

唇萼薄荷（Pennyroyal）

滾開！

唇顎薄荷被當作刺激行經
和墮胎劑的傳統偏方歷史悠久。
用它泡製的茶有毒，而且非常危
險。超脫樂團[192]的主唱克特柯本
在為他們樂團於1993年發行的
專輯《母體》（*In Utero*）裡的
歌〈唇萼薄荷茶〉所寫的內容介
紹（後未使用）裡提到：「植物
性墮胎藥，沒有用的，你們這些
嬉皮。」這首探討他重度憂鬱症
的歌曲原定於1994年4月發行單
曲，但該月柯本自殺了。由於B
面的歌取名〈我痛恨自己，而且
很想死〉，最後被取消發行。

牡丹
（*Peony*）

唇萼薄荷
（*Pennyroyal*）

菥蓂
（*Pennycress*）

長春花
（*Periwinkle*）

牡丹（Peony）

害羞；慚愧

　　牡丹和害羞之間的關聯源自一個民間故事：頑皮的小仙女躲在牡丹層層疊疊的花瓣中。在中國，這種花是富貴的象徵。中國歷史上唯一的女皇帝叫武則天；她在第八世紀末時統治中國。某個冬日她在御花園散步，看到園中沒有繁花盛開的她很失望，於是女皇下令要百花盛開。第二天，據說所有的花都聽命盛開了——除了牡丹。盛怒之下，她讓人將目空一切的牡丹花燒毀。然而，它們很快就復甦並開出絢麗的紅花。女皇帝很生氣，把它們通通貶逐到洛陽城去。

長春花（Periwinkle）

溫柔的回憶

　　長春花是一種常青的地被植物；它是一種會開花的蔓生藤類，換言之，它既不纏繞，也不攀爬。在歐洲，這種花有個別稱叫「死亡之花」；因為古時候，人們會在夭折的孩子頭上圍著一圈長春花。因為它的藍顏色，天主教將之視為「童貞之花」——顯然將其與聖母瑪利亞連在了一起。十九世紀時，野生的長春花常常被撒在受奴役的非裔美國人的墳塋上。

藍色長春花（Blue Periwinkle）
初期的友誼

白色長春花（White Periwinkle）
回憶的快樂

柿花（Persimmon Blossom）

將我葬於大自然的美景中

　　美國南方棉花農場上的黑奴所唱的老歌中曾描述到喝柿子啤酒的快樂。因為新鮮乾淨的飲用水取得不易，黑奴們便飲用這種發酵飲料來止渴。有一個曾被奴役叫做威斯特透納的黑人曾將這種酸性飲料的配方記錄下來：將甘藷皮、幾大塊玉米麵包、和發酵的柿子加入一桶水中。

福祿花（Phlox）

全體一致

　　"Phlox"這個字在希臘文的意思是「火焰」或「光」。這種花層層疊疊的開在細長的莖梗上，所有培育的品種都有濃烈的色彩，包括深紅色的「星火」（Starfire）、橙色的「橙王子」（Prince of Orange）、和鮮紫色的「藍絲絨火焰」（Velvet Flame）等。有個迷信說，正在尋找愛人的單身人士應該在他們的花園裡種植這種細緻的花，或將這種花帶回家中。

日本馬醉木（Pieris Japonica）

精靈之火

　　傳統上這種日本原生植物都種在與寺廟和神社有關的茶園裡。它的木材可燒製成壁爐用的木炭，人們則會在壁爐的爐火上放一把鐵水壺，任其沸騰。日本馬醉木很少單株種植，它們通常許多株一起種在樹下。它有醒目的累累下垂的白色花串和獨特的葉子；葉子有時是火焰般的紅銅色，但會逐漸轉成光滑的深綠色。

松樹（Pine）

鳳梨（Pineapple）

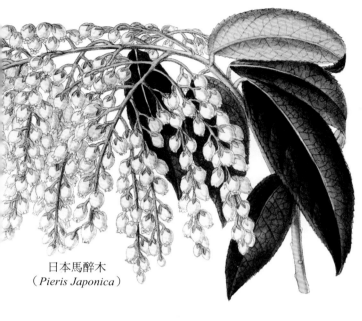

日本馬醉木
（*Pieris Japonica*）

福祿花
（*Phlox*）

柿花
（*Persimmon Blossom*）

松樹（Pine）

可憐

　　松果上的「鱗片」以完美的斐波那契數列排列（Fibonacci sequence, 螺旋形）。人類與睡眠模式和光覺知相連的松果腺位於大腦的中央，稱為松果體。全世界的哲學家都認為松果腺是神聖的，或奧妙的，有些甚至稱它為生物的「第三眼」。

鳳梨（Pineapple）

你很完美

　　1496年哥倫布從美洲的探險之旅返航時帶回了一顆鳳梨，從而激起了歐洲人對這種南美洲水果的著迷。歐洲人未能成功栽培它，於是鳳梨便成了一種昂貴稀有的珍饈。為了驚豔客人，歐洲的社會名流聚會時會租用一顆鳳梨做展示，然後整顆沒有品嘗的還回去。在美洲的殖民地上，直到鐵路鋪設前，這種令人垂涎的水果同樣難得一見。到了1860年，鳳梨終於在佛羅里達普遍栽培，而到了該世紀末，做成罐裝水果的鳳梨已經被運往各地成了大眾消費品。

石菊（Pink）

大膽

　　石菊是石竹科（Dianthus）的一個成員；同屬石竹科的還有康乃馨（Carnation）和甜蜜威廉（Sweet William, 美洲石竹）。石菊可能是粉紅這個顏色英文為何叫做pink的原因。可以剪出完美「之」字形的鋸齒剪刀英文叫做Pinking Shears, 可能就是以石菊粉紅色花瓣的鋸齒狀邊緣命名的。在1893年路易斯‧奧斯丁為這種專業剪刀申請專利前，鋸齒剪刀是用大榔頭槌打出來的。

中國石竹（China Pink）
反感

常夏石竹（Garden Pink）
天真

山石竹（Mountain Pink）
有抱負的

紅色石竹（Red Pink）
純粹且熱烈的愛

五彩石竹（Striped Pink）
拒絕

白色石竹（White Pink）
才華

黃色石竹（Yellow Pink）
輕蔑

梅花
（*Plum Blossom*）

法桐
（*Plane*）

石菊
（*Pink*）

馬茶花（Pinwheel Flower）

繪畫

又稱為縐紗茉莉（Crape Jasmine）、印度康乃馨（Indian Carnation）。儘管有這些俗名，這種鮮嫩的小白花卻非茉莉，也非康乃馨。原產於南亞的馬茶花在印地語[193]裡叫做月光花（Chandni Flower）。在第六世紀以梵文書寫的與醫學和占卜紀事有關的文集《鮑爾文書》[194]裡，這種花被列為甘露——傳說中天神的飲品，可令人不朽——的其中一個成分。

法桐（Plane）

天才

在古希臘，法桐樹是天才的象徵，因為雅典的哲人們就是在這種大樹的樹蔭下進行討論會的。公元前480年，波斯國王薛西斯（Xerxes）第一次看到這種法桐樹時，對它非常著迷，於是他命令軍隊暫停行進，然後把自己身上所有的珠寶都掛到它的樹枝上去。他也命他的眾嬪妃及隨行人員中的大官們取下身上所有的裝飾，將它們掛到已經珠光寶氣的樹上，並宣佈那棵樹是他的女神。

梅花（Plum Blossom）

遵守你的承諾

梅花在冬末春初時開花，給人間帶來果實豐收的承諾。根據日本民間傳說，梅樹能夠對抗邪靈。據說惡魔會從東北方進入一座花園，因此梅樹傳統上便種在那個角落以阻擋惡靈的進入。

野梅（Wild Plum）
獨立

馬茶花
（*Pinwheel Flower*）

聖誕紅（Poinsettia）

光輝

　　阿茲特克人很早就栽培這種
花，因為它具有療效。這種花與聖誕
節的關聯其歷史可追溯至十六世紀的
一則墨西哥傳奇。一名叫做貝琵塔的
年輕女郎沒錢買賀禮來頌揚耶穌的誕
生，天使便告訴她可以去收集路邊的
種子，把它們供俸到教堂的聖壇上。
那些種子開出深紅色的花朵；其星形
的葉子則象徵伯利恆的星星。

石榴花（Pomegranate Blossom）

成熟的優雅

　　石榴栽培最早的證據出現在位
於現今伊拉克一處公元前2200年的遺
跡裡。在猶太教、伊斯蘭教、和基督
教的古老典籍以及中國和印度的醫書
中，都曾提到石榴。在希臘神話裡，
普西芬妮（Persephone）選擇吃下了
冥王給她的六顆石榴籽，確定了她每
年必須返回冥府六個月的義務。亞美
尼亞有一個古老的傳統：給新娘準備
一顆石榴，讓她用力往牆上擲去；如
果石榴散出了許多種籽，那就是她將
來會多子多孫的徵兆。

石榴（Pomegranate）
愚蠢

聖誕紅
（*Poinsettia*）

楊樹
（*Poplar*）

石榴花
（*Pomegranate Blossom*）

罂粟
（*Poppy*）

楊樹（**Poplar**）

勇氣；時間

　　希臘英雄海克力士（Hercules）打敗會吐火的巨人卡庫斯後，用一支白楊樹枝纏繞在自己頭上，作為他贏得勝利的標誌。海克力士的崇拜者每當舉行祭典紀念他時，也都會在頭上戴上用白楊樹枝編成的頭冠。

黑楊（Black Poplar）
勇氣

銀白楊（White Poplar）
時間

罂粟花（**Poppy**）

安慰

参閱192頁

　　第一次世界大戰後，野生紅色罂粟花在戰死士兵的臨時墳墓上遍地冒了出來。為了紀念犧牲的軍人，大英國協訂立了國殤紀念日[195]，並以罂粟花作為象徵。法國人自拿破崙戰爭以來，也對罂粟花抱有同樣的感受。戰爭擾亂泥土的成分結構，增加了它的石灰含量；這個條件並不利於多數花卉，但罂粟花卻反而快樂地在那樣的土中壤繁茂生長。

加州罂粟花（California Poppy）
不要拒絕我

緋紅罂粟花（Scarlet Poppy）
夢幻般的奢華

雜色罂粟花（Variegated Poppy）
調情

白色罂粟花（White Poppy）
睡吧，我的毒藥，我的解毒劑

馬鈴薯花（Potato Blossom）

善舉

　　印加人[196]種植馬鈴薯的歷史有幾千年，僅祕魯一地其品種就超過四千多種。十六世紀時西班牙征服者將這種茄屬植物引進了歐洲。兩百年後，大力鼓吹推廣馬鈴薯的法國人安托萬·奧古斯汀·帕蒙提耶[197]安排了許多宣傳噱頭，希望說服遲疑的歐洲人給這個營養豐富的塊莖植物一個機會。據說法王路易十六的皇后瑪麗·安東尼在該宣傳運動期間秀髮上就別著馬鈴薯花，以示支持；而班傑明·富蘭克林則以名人嘉賓的身分出席了一個以馬鈴薯為主題的豪華晚宴。

報春花（Primrose）

青春

　　俗稱西洋櫻草（Polyanthus）。莎士比亞在他的許多作品中，都將報春花作為早逝的年輕人，尤其是年輕女子，其葬禮上的花。十九世紀時，有一種俗稱「女孩病」的萎黃病（Chlorosis，又稱缺綠病），是一種會將患者皮膚變成黃綠色的絕症。某則古老的傳奇說，受命運作弄而不幸患上此病的未婚女子會變成一朵報春花。

紫色報春花（Lilac Primrose）
自信

紅色報春花（Red Primrose）
未受支持的才德

女貞樹
（*Privet*）

報春花
（*Primrose*）

南瓜花
（*Pumpkin blossom*）

馬鈴薯花
（*Potato Blossom*）

女貞樹（Privet）

禁制

　　1941年英國政府下令，年齡超過一百歲的所有鐵門都要拆下來，獻給國家以製造第二次世界大戰所需的武器。女貞樹因而成為全國最受歡迎的大門或柵欄的天然替代品。在今日，全英國仍可看到鐵門被鋸掉後的殘樁在女貞樹濃密的樹葉下若隱若現。

南瓜花（Pumpkin Blossom）

粗野

　　南瓜籽一直是北美洲和南美洲原住民重要的滋補食物；在墨西哥南部瓦哈卡的洞穴裡所發現的南瓜籽其歷史可追溯至一萬年前。在1900年於巴黎舉行的世界博覽會裡，一顆重達400磅的南瓜創下了當時的世紀紀錄。2014年時，瑞士一顆重達2,323磅——超過一公噸！——的南瓜，遠遠將之前那個紀錄拋在後面。番南瓜（Cucurbita Maxima），我們今日所知的巨無霸南瓜，可能是蔬果中體積最大的品種。

罌粟花 (Poppy)

安慰

參閱189頁

鴉片、嗎啡、和海洛因都是從鴉片罌粟花（Opium Poppy）中有麻醉效果的汁液中提煉出來的。考古學家曾在地中海沿岸發現這種花的種籽化石，其歷史可追溯至新石器時代早期。罌粟花種籽甚至曾在該時代的一個人類的牙齒裡發現。這種花的汁液長久以來一直被用來做娛樂、醫療、及儀典用的藥物。

古埃及的象形文字就曾提到，分娩時使用鴉片罌粟花是緩解陣痛的一個方式。它也列在公元前1,500年的古埃及藥典「埃伯斯莎草紙文稿」[198]中，據說可用來安撫啼哭的嬰兒。自古以來，原野上開遍這種花的景象一直擄獲著人們的想像力。在古埃及，罌粟花與死亡之神歐西里斯[199]有關聯。在田野上收割時砍下穀物的動作，象徵著歐西里斯的死亡。而紅色的罌粟花很快就會從剛收割過的原野上冒出來，遠看彷彿斑斑血跡。

十九世紀初時，東印度貿易公司與中國展開了貿易之戰。對中國不願向他們購買貨物英國覺得很挫折，儘管他們已經有很多訂單，於是他們開始將大量的鴉片偷偷運入中國。這導致數百萬中國人鴉片上癮。中國對這個情形的回應是，完全中斷與英國的貿易。此衝突就是聞名的鴉片戰爭。

美國在1923年宣佈海洛因的買賣不合法；隔年，擁有這種毒品會被判為犯罪行為。技術上而言，擁有罌粟籽是合法的。鴉片罌粟是你唯一可以在藥局購得或在自家後院種植的二級麻醉劑。自1995年起，美國緝毒局便一直要求花店停止出售罌粟種籽，但那個要求基本上被忽視。罌粟花薄如紙的花瓣對任何景觀而言都有畫龍點睛之妙。吃下幾顆罌粟籽其實完全無害；不過，幾片罌粟籽蛋糕可能就會意外地讓你的藥物檢驗呈現陽性。

Q

蕾絲花 (Queen Anne's Lace)

不要拒絕我

　　俗稱「野胡蘿蔔」（Wild Carrot）。在這個米白色如招絲般的花朵正中央有一個小紅點，人們認為那就好像英國安妮女王[200]在做蕾絲時不小心讓針刺了手指而冒出的一滴血。

豚草
（*Ragweed*）

蕾絲花
（*Queen Anne's Lace*）

R

陸蓮花
(*Ranunculus*)

知更草
(*Ragged Robin*)

知更草（Ragged Robin）

機智

　　這種顏色鮮亮的花盛開時，粉紅色的星形花瓣一縷縷的有點蓬亂。它們喜歡生長在潮濕的草原、森林及沼澤園地。有人說，如果你採了知更草並把它帶回家中，厄運、壞天氣、和雷電很快就會跟著來了。

豚草（Ragweed）

未被接受的愛

　　又稱為仙饌（Ambrosia）。一株豚草一季中就能產出一百多萬顆花粉。這個常見的過敏原分子會飄浮在空中好幾天並散佈好幾英里，造成許多人痛苦的過敏問題。大氣中高濃度的二氧化碳會讓它釋出更多花粉；氣候變遷會讓這問題持續惡化。

陸蓮花（Ranunculus）

你的魅力令我著迷

　　"Ranunculus" 這個字來自拉丁文，意思是「小青蛙」。陸蓮花就像那種兩棲動物，常常出現在水邊。公元一世紀的羅馬哲人阿普列尤斯（Apuleius）相信，將這種花的根包在亞麻布裡然後將它圍在一個瘋子的脖子上，可以治療他的瘋狂。

庭園陸蓮花（Garden Ranunculus）
你魅力無窮

野生陸蓮花（Wild Ranunculus）
不知感恩

覆盆莓花（Raspberry Blossom）

懊悔

　　這個原生於亞洲的美味莓果，在史前時代便已隨著候鳥遷徙到北美洲。許多土著文化裡都曾使用它的葉子來製作藥茶。這個沒有咖啡因的茶湯滋味跟廣受喜愛的紅茶很像。1773年時，美國殖民地的商人因抗議茶稅而引發了「波士頓傾茶事件」[201]，將英國東印度公司的茶葉傾倒至大海裡。為了尋找新的茶葉來源，新英格蘭的移民者便轉而品嚐從本土植物中較容易取得的覆盆莓和鼠尾草做的茶。

蘆荻（Reeds）

音樂

　　希臘神話裡有個叫做絲林克思（Syrinx）的小仙女，被半人半羊神潘（Pan）緊緊追逐。她跑到拉冬河無路可走時，向她的河仙姊妹們發出求救。就在潘抓住她的那瞬間，她被變成了修長中空的沼澤蘆荻。潘注意到當風穿過蘆荻時，它們會發出悠揚悅耳的聲音，於是他折下長短不一的蘆荻，做成了排笛（Pan Flute）。製作現代木管樂器的蘆荻，如低音管或黑管等，傳統上就是用蘆竹（Giant Reed）作為材料。

羽毛蘆葦（Feathery Reed）
輕率

開花蘆葦（Flowering Reeds）
對天堂的信心

高山杜鵑
（*Rhododendron*）

芒柄花
（*Restharrow*）

蘆荻
（Reeds）

芒柄花（Restharrow）

障礙

　　中古世紀時製作一把用布拉特鋼[202]打造的俄羅斯劍的最後一個步驟便是將那把武器浸入一個裝有紅芒柄花萃取物的桶中。據信那個被液化的植物有助金屬的強化。可惜最原始的方法已經遺失，而現代科學家也一直無法在芒柄花裡找到冶金的任何成分。

高山杜鵑（Rhododendron）

危險

　　有些高山杜鵑的品種對動物和人體有毒害，只是程度不同。不慎吃下薔薇杜鵑的葉子，可能造成抽搐或昏迷。有一本公元前四世紀的書，裡面描述到曾有一萬名士兵因吃到杜鵑蜂蜜而中毒的事件。愛默森[203]在他1834年所寫的詩「有人問杜鵑，花從何處來？」中，將杜鵑描繪成一種謙虛的花，不像它的對手，玫瑰；儘管如此美麗，但從不沽名釣譽。那首詩透過大自然探索人類與上帝之間的心靈聯結。

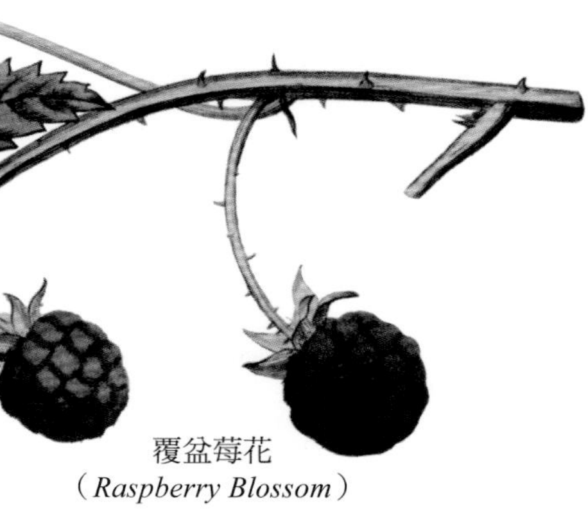

覆盆莓花
（Raspberry Blossom）

大黃（Rhubarb）

忠告

　　在亞洲，人們將大黃作為藥用植物的歷史超過五千年。大黃的名字來自拉丁文的 "rhababarum"，意即「野蠻人的根」，而這也暗示了羅馬人對吃這種植物的人的觀點。十七世紀期間因具有療效而在英國受到高度重視的大黃，其價格是鴉片的兩倍。據說富蘭克林是十八世紀末時將大黃帶到美國的人，但一直到一百多年後，英國和美國才開始在他們的烹飪裡加入它。

岩玫瑰（Rockrose）

受歡迎的恩惠

　　也叫做岩薔薇（Cistus）。這種開花植物有著清香的樹脂，非常受到古人的珍視。岩玫瑰的葉子會滲出一種叫做勞丹脂的棕色黏稠物質，自古以來就被用在醫藥或化妝品的製作上。受到芳香樹脂的吸引，山羊會啃咬岩玫瑰的樹葉樹枝，使得香脂更加從咬開的洞孔湧出。黏在山羊鬍子上的樹脂會被梳刮下來，做成香水。

膠薔樹（Gum Cistus）
明日我將死去

岩玫瑰
（*Rockrose*）

大黃
（*Rhubarb*）

玫瑰（Rose）

愛情

參閱204頁

　　在全球愛花人的心目中，玫瑰一直擁有獨特的崇高地位。古代人喜愛享受玫瑰所提供的奢侈。在古埃及，克麗奧佩特拉曾經為了引誘馬克·安東尼而購買了花瓣撕下後足以鋪滿整個宮殿有如十八吋厚地毯的玫瑰花。在印度傳統裡，吉祥天女拉克什米（Laxmi）據說就是由108朵大玫瑰花和1008片小花瓣創造出來的。在希臘和波斯神話裡，紅色玫瑰則象徵鮮血。

奧地利玫瑰（Austrian Rose）
你是一切可愛的化身

雙色玫瑰（Bicolor Rose）
醜聞；研究

新娘玫瑰花（Bridal Rose）
幸福的愛

勃根地玫瑰（Burgundy Rose）
不自覺的美

西洋玫瑰（Cabbage Rose）
愛情大使

月季（China Rose）
亙古常新的美

肉桂玫瑰（Cinnamon Rose）
早熟

大馬士革玫瑰（Damask Rose）
明媚的容顏

深粉紅玫瑰（Deep Pink Rose）
鼓勵

深紅玫瑰（Deep Red Rose）
羞赧

犬薔薇（Dog Rose）
痛並快樂著

犬玫瑰
（Dog Rose）

松葉牡丹花蕾
（Moss Rosebud）

黃玫瑰
（Yellow Rose）

玫瑰
（*Rose*）

大馬士革玫瑰
（*Damask Rose*）

月季
（*China Rose*）

兩朵花蕾上的盛開玫瑰
（**Full-Blown Rose Over
Two Buds**）
秘密

少女的嬌羞（**Maiden
Blush Rose**）
如果你愛我，你就會
找到答案

松葉牡丹
（**Moss Rose**）
豐滿性感的

松葉牡丹花蕾（**Moss
Rosebud**）
愛的告白

野薔薇（**Multiflora
Rose**）
優雅

麝香玫瑰（**Musk Rose**）
善變的美人

絨球玫瑰（**Pompom Rose**）
文雅之美

紅白玫瑰（**Red-and-White Rose**）
心之火焰

紅白玫瑰花束
（**Red and White Roses, together**）
結盟

紅玫瑰（**Red Rose**）
愛情

紅玫瑰花蕾（**Red Rosebud**）
純潔又可愛

灌木玫瑰（**Rosa Mundi**）
多樣化

玫瑰花葉（**Rose Leaf**）
我絕不乞求

玫瑰花蕾（**Rosebud**）
少女；不在意愛情的心

絞紋玫瑰（**Striped Rose**）
夏天

石楠薔薇（**Sweet Briar Rose**）
詩歌；我為了痊癒而受傷

無刺玫瑰（**Thornless Rose**）
誠懇的朋友

白玫瑰（**White Rose**）
沉默

乾燥白玫瑰（**White Rose, dried**）
死亡勝過失去純真

凋萎白玫瑰（**White Rose,
withered**）
短暫的印象

白玫瑰花蕾（**White Rosebud**）
少女時期

野玫瑰（**Wild Rose**）
簡樸

凋萎的玫瑰（**Withered Rose**）
飛逝的美

黃玫瑰（**Yellow Rose**）
嫉妒；不忠

黃石楠薔薇（**Yellow Sweet Briar
Rose**）
愛的消減

沙崙玫瑰（Rose of Sharon）

為愛憔悴

　　幾個世紀以來，這個木槿科（Hibiscus）的表親在韓國一直擁有特殊意義。在韓國它叫做mugunghwa，是「永不凋萎之花」的象徵。在二十世紀初被日本佔領期間，這個花成了韓國對抗日本的標誌。1933年時，南宮玉老師（Nam Gung-eok）因為在全國各地送出幾萬朵沙崙玫瑰而遭到逮捕並下獄。在韓國人奪回國家主權後，沙崙玫瑰成了南韓的國花。

迷迭香（Rosemary）

記憶

　　自古以來迷迭香就與死亡有關聯，因為古埃及人在給屍體防腐的過程中會使用它。考古學家曾在歷史可追溯至公元前3,000的古墓裡發現這種植物的樹枝。法國人也曾有這樣的習俗：封棺前會在死者的手裡放一支迷迭香。據說這種植物也有甦醒腦力的功能，尤其與記憶相關的那部份。古希臘學生會在考試期間將它當作興奮劑別在髮際或塞在耳後。

沙崙玫瑰
（*Rose of Sharon*）

燈心草
（*Rushes*）

芸香
（*Rue*）

芸香（Rue）

蔑視

　　正是因為它苦澀的味道這種植物才令人想起「蔑視」這種負面情緒。在不少文化裡，芸香都跟女子的貞節以及她將懊悔失去它有關。塞法迪猶太人[204]的民謠 "Una matica de ruda"（"A sprig of rue"，「一支悔恨的嫩枝」）描述的就是某充滿情意的傢伙送給某女孩一支開花的嫩枝。女孩的母親哀求她不要為了一個年輕的愛人而誤了終身，跟她說壞丈夫是較好的選擇。女兒堅稱壞丈夫是可怕的詛咒，但「一個年輕的愛人，媽媽，是一顆蘋果或檸檬。」

藺草（Rushes）

溫馴

　　藺草是會開花的植物，其家族在全球有數百個品種。在中古世紀的歐洲，人們將有香甜氣息的藺草撒滿在骯髒的地板上來替代地毯，也許是為了它的香氣，也或許是這種植物的密度在潮溼的天氣裡有助保持腳部的乾燥。亨利八世的專屬教士，紅衣主教湯瑪斯・沃爾西[205]曾下令，他的地板上的藺草蓆每天都要更換。日本人用柔軟的藺草編織榻榻米。澳洲土著則使用一特殊品種的藺草做釣魚線，並用這種有如草般的植物之纖維來編織草蓆及耐用的籃子。

迷迭香
（*Rosemary*）

玫瑰 (Rose)

伯、和波斯等地哲人所傳的智慧。他何時死亡沒人知曉，但120年後該兄弟會的一名修士卻在一個七角形的地下室裡發現他未腐壞的屍身。這個故事在該組織於1614年以德文匿名寫成的宣言《兄弟會傳說》（*Fama fraternitatis*）中有紀載。玫瑰十字會的徽章就是玫瑰十字架。對此其中的一個詮釋是，玫瑰代表沉默，而十字架代表救贖。

"Rosary"（念珠）這個字源自拉丁文的 "rosarium"，意即「玫瑰花冠」。創作這種天主教祈禱念珠的其中一個方法就是使用玫瑰花：將玫瑰花瓣剁碎、浸泡、燜煮，最後再將花瓣泥做成珠子。有些人會用葬禮或其他莊嚴儀式裡用過的玫瑰花來製作念珠，以作為一種情感上的紀念物。

拜占庭建築的代表作聖索菲亞大教堂（Hagia Sophia）曾經是全世界最大的教堂。據說蘇丹穆罕默德二世在1453年征服伊斯坦堡時，命人用玫瑰水將那座大教堂裡外清洗淨化，然後把它改成一座清真寺。

愛情

—

參閱200頁

希臘神話中的愛神厄洛斯（Eros, 邱比特的羅馬名）曾給沉默之神哈爾波克拉提斯（Harpocrates）一朵玫瑰，以向他保證會小心看守阿弗羅黛蒂冒失的行為。藝術品所描繪的哈爾波克拉提斯常常是裸體的他用食指貼在自己的唇上──「噓！」從那時持續到中古時期，玫瑰一直是保守秘密的象徵。餐桌正上方的天花板上經常雕刻或繪著玫瑰圖案，以象徵餐桌上所說的一切都要被嚴格守密，不可對他人透露。拉丁文的一句老話 "sub rosa"，字面直譯是「在玫瑰花下」（"Under the Rose"），便是意味著要保守秘密。在羅馬天主教的告解室上方，同樣也會出現一朵玫瑰。

克里斯汀・羅森克魯茲神父[206]是半虛構的玫瑰十字會的創建者。據說他曾經遊歷四方，並學習過土耳其、阿拉

鼠尾草
（*Sage*）

紅豆草
（*Sainfoin*）

S

鼠尾草（Sage）

家居美德

　　鼠尾草在全球的許多文明裡一直受到珍視和崇敬。白色鼠尾草是一種特殊的品種，在美洲的許多原住民文化裡它都被認為是神聖的。用它來煙燻時，人們將葉子捆成束後燃燒，認為那芳香的有儀式感的煙能淨化性靈。用鼠尾草煙燻的文化從原住民的部落流傳出來，在全球各地風行，導致這種植物被過度採割。另一種顯示尊重的替代選擇是燃燒薰衣草或松樹。

紅豆草（Sainfoin）

不安

　　這種豆科植物的希臘名意思是像某種「給驢吃的」東西。紅豆草能幫助吃下它的食草動物長得肥壯，也能減少這類動物的甲烷釋放。紅豆草也俗稱「聖草」（holy hay）。有一則法國傳奇描述說，粉紅色的紅豆草花將自己變成一個光圈，圍在了嬰兒耶穌的頭上。

琴柱草 (Salvia)

智慧

　　琴柱草與鼠尾草（Sage）是近親，它有尖長的花瓣，氣味芬芳，但含有致幻物質的卻是它如天鵝絨般光滑的綠色大型葉片。這種開花植物原生於墨西哥南方瓦哈卡州偏遠的雲霧森林[207]裡。該地區原住民馬薩特克人（Mazatec）的巫師傳統上會用這種植物的葉子來輔助治療儀式的進行。另有些地方則有人抽這種葉子做成的菸；它所造成的最常見的效果包括視覺畸變、伴生感覺、及現實解離等。

紅色琴柱草（Red Salvia）
活力

西洋松蟲草 (Scabiosa)

不幸的迷戀

　　又稱針墊花（Pincushion Flower）。古時人們用它來治療疥瘡的發癢症狀；"Scabiosa"這個名字就是衍自拉丁文的"scabere"，意即「抓癢」。在七世紀時，人們用這種植物的根做成的藥膏來治療傷口、蛇咬、瘟疫等。這個漂亮的花盛開時看起來很像一個上面插滿細針的針墊。

輪鋒菊（Mourning Bride; Sweet Scabiosa）
寡居；我已失去一切

琉璃繁縷
（Scarlet Pimpernel）

西洋松蟲草
（Scabiosa）

壞血病草
（*Scurvy Grass*）

紅色琴柱草
（*Red Salvia*）

琉璃繁縷 （Scarlet Pimpernel）

幽會

俗稱農人的氣壓計（Peasant's Barometer）、牧童的天氣瓶（Shepherd's Weather Glass）。儘管花名裡有深紅（Scarlet）一字，琉璃繁縷並非只開紅色的花。它的顏色多采多姿，包括橙色、天藍、淡紫、白色等。這種花在氣象報告方面很值得信賴。天氣晴朗乾燥時，它的花瓣會保持張開；如果花瓣闔起來，那麼潮溼的天氣就要來了。

壞血病草 （Scurvy Grass）

功用

這種植物以其山葵[208]般強烈的滋味而聞名；以前人們吃它來預防壞血病。它的維他命C含量並不特別高，但它很容易辨識，且四季都能沿著海岸線生長，對在海上長期航行的水手來說，它便成了很有用的植物。在公元第一世紀期間，老普林尼[209]曾提及受某種疾病之苦的羅馬士兵。因其症狀類似壞血病，許多人相信他所開出的醫療處方就是我們今日所知的壞血病草。

萬年草 （Sedum）

鎮靜

又名佛甲草（Stonecrop）。因為有明亮的幾何形花朵且生命力強韌，萬年草經常被用來裝飾花園或種在頂樓花園裡。太平洋西北地區的原住民自古以來也將它作為營養補充品或藥補食材。加拿大奧肯納根原住民（Okanagan）用它的花和葉子做成湯劑給生產後的婦人飲用，以清理子宮內的惡露。另一部落納卡帕姆斯（Nlaka'Pamux）會使用這種植物熬出的藥做鎮靜劑，而北美的海達族（Haida）和加拿大英屬哥倫比亞省西北的尼斯迦族（Nisga'a）則用它做沙拉裡的綠色蔬菜。

花楸樹 （Service Tree）

慎重

又稱為山梨樹（Sorb Tree）。在柏拉圖的《會飲篇》（Symposium）裡，花楸樹的蘋果狀果實被用來闡述宙斯將原先是圓形的人類一劈為二的故事。在古希臘，這個果實通常會被切半再醃製。若要生吃這種果實的話，則必須先放上一段時間直到它爛熟、變軟、變甜為止。到了這個近乎腐爛的階段，這個果實的滋味才最香甜。

流星花 （Shooting Star）

你是我的神

也稱流星毬蘭（Dodecatheon）。這個優雅並垂著頭的流星花看起來很像是正在行進中的羽毛球、羽毛飛鏢、或流星。用滴管服用這種花的精油，據說可以幫助那些與自己家人感到嚴重疏離或患有重度出生創傷的人。

蛇根草
（Snakeroot）

流星花
（Shooting Star）

花楸樹
（*Service Tree*）

蛇根草（Snakeroot）

恐怖

　　十九世紀時，一個神祕的乳毒病在美國中西部奪去了許多條人命。發現此病與白色蛇根草有關的基本上要歸功於安娜·琚克絲比醫生。琚克絲比醫生的一位年長友人，一位名字已失傳的肖尼族[210]婦人，向她描述該種植物的特性；經過一些測試後，琚克絲比醫生確定那種疾病來自吃了白色蛇根草的動物的乳製品或肉。她在1834年時請願將那種植物根除。很不幸，當時沒人在乎她的警告。直到1967年時，一名農夫才將那問題再度釐清。

金魚草（Snapdragon）

放肆

　　有一個古老的德國迷信說，準備一束含有金魚草、黑色孜然、和藍色墨角蘭的花束，再加上一隻襯衫的右袖子和一隻左腳的絲襪，這樣就可以保護嬰兒免於被邪惡的偷嬰賊帶走了。此傳統與〈尼克特〉[211]這個民間故事有關：尼克特是住在水中的灰色小怪人；他會偷走未受洗的新生嬰兒，並將自己生的大頭孩子留下。

金魚草
（*Snapdragon*）

萬年草
（*Sedum*）

噴嚏草 (Sneezewort)

自由

俗稱「法國美人」（Fair-Maid-of-France）。這種看起來很像雛菊的小花在整個歐洲及北美洲的許多地方都看得到。這種植物的葉子是製作嗅鹽的配方之一。人們相信噴嚏草不僅會讓人打噴嚏，也會造成流鼻血。十七世紀英國草藥專家尼可拉斯・庫爾佩柏[212]提出，這種植物可用來來緩解充血。

雪降花 (Snowdrop)

希望

雪降花是春天的先鋒，是天氣轉暖時最早盛開的花之一。這種花含有一種稱為加蘭他敏（Galantamine）的活性物質，被現代醫學用來輔助治療神經和肌肉症狀的疾病，如小兒麻痺和阿滋海默症等。

玉竹 (Solomon's Seal)

秘密

俗稱「所羅門的印璽」。這種植物的名字以公元前一世紀的希伯來王命名。據傳他獲得了一個具有魔力的印章戒指，讓他擁有了控制動物和惡魔的能力。那個金屬戒指有一個裝飾用的浮刻的六角星形，該圖案不久後就成了眾所周知的「大衛之星」[213]。所羅門王將這個戒指作為其私人印璽，在文件或便箋上蓋章時用。玉竹的莖梗被砍下來時，其切面痕跡看起來就像所羅門王的印璽。

玉竹
（*Solomon's Seal*）

噴嚏草
（*Sneezewort*）

雪降花
（*Snowdrop*）

南木蒿
（*Southernwood*）

酸模
（*Sorrel*）

酸模（Sorrel）

父母之愛

又稱為菠菜酸模（Spinach Dock）。酸模有著紫紅色的花穗，常被當作食用蔬菜栽培。從奈及利亞到東歐，它是做燉菜的重要原料。阿什肯納茲猶太人[214]用它來做蔬菜羅宋湯。自古以來它也被泡製成草藥水，用來舒緩水痘在皮膚上造成的丘疹。

野生酸模（Wild Sorrel）
不合時宜的機智

南木蒿（Southernwood）

戲謔

為了避免在冗長的佈道裡打起瞌睡，上教堂時許多人會戴著一小枝有樟腦氣味的南木蒿提神。它羽毛般的綠色葉子以前常常被撒在監獄裡，希望以此來阻止疾病的傳播。法官前往法庭時身上也會戴著這種植物，以避免被犯人感染傷寒。雖然現代人已很少將南木蒿當作醫療植物使用，但在某些社交場合仍會使用從它所提煉出的精油作為芳香的植物性提神物質。

紫露草（Spiderwort）

是尊重，而不是愛

　　這種開花植物之所以被稱為 "spiderwort"
是因為它看起來有很多條腿，樣子好像蜘蛛。
"Wort" 是一個古老的英文字，意思是「植
物」。這種入侵植物有一個俗稱，叫做「流浪
的猶太人」（Wandering Jew）。此詞源自十三
世紀一則民間故事裡的一個仇猶角色：一名猶
太商人因邪惡受到了永世流浪的懲罰。「永恆
的猶太人」（Eternal Jew）這個原型後來被納
粹的宣傳再度利用。1940年拍攝的影片《流浪
的猶太人》（*Der ewige Jude*）便是這樣的一支
紀錄片；它以諷刺的手法將猶太人描繪成寄生
蟲，應該被滅絕。

無毛紫露草（Virginia Spiderwort）
短暫的幸福

衛矛（Spindle）

你的魅力銘刻於我心

　　這種樹的硬木以前被用來製作紡紗時用的
紡錘。在童話故事《睡美人》裡，小公主的手
指頭就是被紡錘刺傷的。紡車可被視為女人一
生的象徵。紡紗這個工作通常是未婚女人的專
屬寫照，然後一年又一年忙著為人母、人妻的
義務，女人變成了有智慧的老嫗，這時她重新
拾起了紡紗這個少女時期的工作。衛矛的花會
結出粉紅色的漿果，裡面橘色的果實含有生物
鹼、咖啡鹼、和咖啡因；這些東西進入人體後
可能會誘發睡美人的那種昏迷狀態。

紫露草
（*Spiderwort*）

雲杉
（*Spruce*）

聖約翰草
（*St. John's Wort*）

衛矛
（*Spindle*）

雲杉（Spruce）

逆境中的希望

　　雲杉木的樹脂不但具有療效且有令人愉悅的木頭香氣，因此美洲原住民，包括因紐特族（Inuit）、克里族（Cree）、漢那克西耶拉族（Hanaksiala）等，都會像咀嚼口香糖那般咀嚼它。殖民者後來也學會了這種享受，於是在1848年時「緬因州純雲杉口香糖」便上市了，這是美國第一個口香糖商品。雖然全球其他地區都有古老的咀嚼傳統，但這一系列事件才是我們今日所熟悉的口香糖被開發出來的由來。

黑雲杉（Black Spruce）
憐憫

挪威雲杉（Norway Spruce）
珍重再見

聖約翰草（St. John's Wort）

迷信

　　聖約翰日（6月24日）那天，英國人傳統上會採集聖約翰草以備慶典和儀式進行時所需。年輕人頭上戴著聖約翰草和馬鞭草（Verbena）所編成的花冠，圍著篝火跳舞。他們一邊向聖約翰祈禱有更好的來年，一邊將花草丟進火焰裡。在法國和德國，人們將這種花掛在大門的上方，以阻止惡靈進入家裡。

聖心百合（Star of Bethlehem）

純潔

　　受到1930年代順勢療法的啟發，艾德華·巴哈醫生宣稱花瓣上的露珠擁有特定的治療屬性。他相信花卉含有一種震動的本質，於是他基於自己所感知到的與植物的精神聯結，憑直覺組合出了酊劑。對那些目睹或經歷震驚或創傷事件的人，他推薦聖心百合做成的酊劑。

星辰花（Statice）

同情

　　又稱海赤芍（Sea Lavender）、石蓯蓉（Limonium）。這種薄如紙的花做成乾燥花後在插花時很受喜愛，因為它的顏色和質地在乾燥後仍能保持其活力和新鮮。維多利亞時期有一個潮流：將佈置好的乾燥植物放在鐘形罩或其他形狀的玻璃容器內陳列。雖然已經失去生命，這些植物卻被保存下來，讓人想起生命進入死亡的過程。

多花黑蔓藤（Stephanotis）

你願意陪我去東方嗎？

　　又稱為夏威夷婚禮花（Hawaiian Wedding Flower）、馬達加斯加茉莉（Madagascar Jasmine）。芳香的馬達加斯加多花黑藤蔓是新娘捧花最受歡迎的花材之一。白色的花朵讓人想起婚姻的幸福和開心的蜜月之旅。它的花名源自希臘文的一個字，意思是「適合做成皇冠」。古希臘新娘頭上所戴的一種特別的花冠就叫做 "Stephane"（Crown, 皇冠）。

星辰花
（Statice）

蕁麻
（Stinging Nettle）

聖心百合
（Star of Bethlehem）

紫羅蘭
（*Stock*）

多花黑蔓藤
（*Stephanotis*）

蕁麻（Stinging Nettle）

你很惡毒

　　蕁麻的細毛刺穿人體皮膚後，會造成刺痛、發炎紅腫、搔癢等。十七和十八世紀時，有些歐洲人，包括哲學家約翰·洛克[215]，認為用蕁麻鞭打麻痺或癱瘓病人是一種可行的治療方式。這個方式在厄瓜多爾是用來懲罰罪犯的，但在英國、蘇俄、印度及全世界許多地方，則是用來懲罰不聽話的小孩。

紫羅蘭（Stock）

持久之美

　　又稱Gillyflower。作為甘藍家族的一個成員，紫羅蘭也是一種能被食用的開花植物。纖細的莖梗上長著有褶邊的小花朵，美麗又有丁香氣味的紫羅蘭由於在十六世紀的薩克森王國[216]受到人們熱烈地喜愛，其政府甚至指派每個村莊都得栽種一種特定顏色的紫羅蘭。

紅色紫羅蘭（Red Stock）
無聊
草桂花（Ten-Week Stock）
迅捷

稻草（Straw）

聯盟

公元922年，法國國王查理三世遭到有權勢的貴族聯合抵制，宣佈他是無能的國王。為了講清楚他們不再聽從他的權威，法國的貴族們走向王座，當著國王之面將手中所拿稻草全部折斷，並將之丟擲到地上，以此宣告世人從此以後國王與貴族之間所有的締結全部無效。

碎稻草（Broken Straw）
盟約破裂

草莓花（Strawberry Blossom）

完美的善良

香甜的草莓其形狀像人類的心臟，因此毫不意外許多北美洲原住民的語言中給這種水果取的名字翻譯過來差不多就是「心狀莓果」（Heart Berry）之意。奧吉布瓦族[217]有一個傳統：年輕的女孩在開始行經後，必須戒吃草莓及其他莓果一年的時間。在此期間，她要跟隨祖母學習婦人之道，並在禁吃期結束時，採集各種莓果以與每一位族人分享。

草莓樹
（*Strawberry Tree*）

稻草
（*Straw*）

草莓花
（*Strawberry Blossom*）

鹽膚木
（*Sumac*）

草莓樹（**Strawberry Tree**）

愛與敬重

　　又名Arbutus。草莓樹所產的黃色和紅色果實有疣狀表皮，跟它英文名字裡的草莓所結的果實並無關係。果實長成時人們並不採擷，任其繼續成熟，因此它還掛在樹梢上時便已開始發酵了。眾所周知熊最愛吃這種令人陶醉的點心，把自己吃得醉醺醺的。馬德里的市徽上就是一隻熊站立在一棵草莓樹（西班牙文稱為 "madroño tree"）旁。此圖像在全馬德里的計程車、排水道檢修孔蓋上及其他各處都看得見。該市的市中心甚至矗立著一隻熊正在吃這種果實的雕像。此樹的美國表兄就是太平洋熊莓（Pacific Madrone）。

鹽膚木（**Sumac**）

輝煌

　　鹽膚木所結的酸果被磨成粉後，是中東深受喜愛的綜合香料薩塔（za'atar）裡慣用的原料之一。傳統上，用來裝訂書本及製作手套的摩洛哥皮革便是用鹽膚木鞣製而成。住在美國東北林地裡的原住民萊納佩人（Lenape）所抽的菸則是一種用菸葉和烤乾的鹽膚木葉子一起混合而成的特殊菸草。他們稱這種植物為 "Kelelenikanakw"，意即「混合樹」。

向日葵（Sunflower）

虛假的財富

參閱222頁

　　原生於北美洲和南美洲的
向日葵，被當作食物來源栽培的
歷史已有三千年。它的花瓣、
葉子、種籽等都含有豐富的營養
價值。蘇尼族的治療師在幫患者
吸出蛇咬的毒液前會先咀嚼這種
花。它也被製成藥糊用來治療響
尾蛇咬傷的傷口。

矮種向日葵（Dwarf Sunflower）

你誠摯的仰慕者

甜豌豆（Sweet Pea）

雅致的樂趣

　　甜豌豆因為花瓣捲曲的樣
子很溫柔可愛，頗受愛花者的青
睞。古時後，這種植物幾乎沒
人注意；但在維多利亞時期它因
雜交而產出許多令人驚喜的新品
種，從此大受歡迎。民間故事建
議，在聖派崔克節（3月17日）
那天的日出前種下甜豌豆，不但
能給人帶來好運，也有助其氣味
芬芳的花朵繁茂盛開。

向日葵
（*Sunflower*）

甜豌豆
（*Sweet Pea*）

甜石竹
（*Sweet William*）

西克莫樹
（*Sycamore*）

甜石竹（Sweet William）

英勇

　　別名甜蜜威廉、粉紅鬍（Bearded Pink）。人們並不知道甜蜜威廉指的是哪個威廉，但有不少猜測，包括詩人威廉莎士比亞自己。這是一種很獨特的花，因為它有一個男子名。1717年時，人類有史以來第一株人工雜交的花卉品種就是以甜蜜威廉和康乃馨配種而得。

西克莫樹（Sycamore）

好奇

　　《聖經》的《新約》裡有個故事：耶穌來到耶利哥城時，許多民眾蜂擁來看他。一個叫撒該（Zacchaeus）的稅吏因為個子長得矮小於是爬到一棵西克莫無花果樹上，想要看一眼救世主的風采。耶穌遠遠看到爬在樹上的他，開口便叫出他的名字。

向日葵
(Sunflower)

虛假的財富

參閱220頁

從向日葵萃取出來的葵花油不僅可作為食用油，它還有許多工業用途，包括用在各種漆料、顏料、長用型塑料等的製作。令人驚訝的是，葵花油所含之能量幾乎等同柴油燃料。從這種植物製造出來的生物柴油可作為備用能源。向日葵會將陽光轉換成化學能，而隨著花朵逐漸成熟，它會以一個驕傲的姿態轉向太陽去吸收它的陽光。等向日葵盛開後，它就會保持面向東方以迎接每天的日出。

從向日葵採油的一個副產品就是大量的空花殼。種籽一旦取出，剩下的花殼有時會被壓縮成小顆粒。這些形狀有如藥丸且粗糙的植物原料可作為許多應用工程的能源，例如在英國和波蘭它就被用做暖爐系統的燃料，甚至用來運轉發電廠。儘管向日葵具有生物燃料的效能，但是，有效製造這種「燃料」所需的大規模種植卻也可能造成許多環境問題。科學家至今仍在研究它的生態衝擊及潛在利益。

除了作為生物燃料外，向日葵的根和莖也提供了另一種環境友善的用途。它的莖梗雖然空心卻非常強韌，能夠用來製作許多種漂浮工具。用這種莖梗製成的特殊木筏在1980年代車諾比核廠爆炸後的賑災裡就被派上了大用場。它的根能吸收水中的污染物，而在此事件中，它便幫忙移除了水中高達95%的放射性廢料。因此緣故，向日葵已經成為了全球核裁軍的標章。

T

檉柳（Tamarisk）

罪

在古羅馬，罪犯的頭上會被戴上用檉柳的細枝條所編成的頭冠，讓人們一目瞭然。在《可蘭經》中，塞巴[218]人因為不服從阿拉而受到懲罰。他們曾經繁茂葳蕤的花園一夕之間只長出苦澀的壞果子、檉柳、和幾棵稀疏的洛樹（lote tree）。

艾菊（Tansy）

我向你宣戰

在中古世紀，人們將這種強效、味道苦澀的花當作墮胎劑使用。人們也用它來驅除腸道寄生蟲、蚊蠅；用它來洗臉，甚至將它塞進鞋子裡以預防痢疾。送人一支野艾菊被認為是對那個人的一種嚴重侮辱。

薊花（Thistle）

嚴苛

蘇格蘭有一則傳奇描述十五世紀時丹麥人的一次殘酷入侵。儘管在夜晚發動攻擊被認為有失軍人氣魄，但丹麥人仍然悄悄摸進了蘇格蘭士兵休憩的駐紮地。在夜色掩映下潛行的丹麥人卻因為踩到了尖刺的薊花叢而發出慘叫，驚醒了沉睡中的蘇格蘭士兵。象徵保護和勇敢的薊花後來成為了蘇格蘭國花。

荊棘（Thorns）

嚴峻

許多語言裡都有這一句俗語：「每朵玫瑰都有自己的刺」，它的出處不可考。即使如玫瑰這般美麗的事物，也不是沒有瑕疵的。相關的俗語包括波斯的「想要採擷玫瑰的人，必須尊重它的刺」，以及瑞典的「如果你在玫瑰花叢中，你的朋友會在刺中找到你。」

長青荊棘（Evergreen Thorns）
逆境中的安慰

荊棘
（*Thorns*）

檉柳
（*Tamarisk*）

艾菊
（*Tansy*）

薊花
（*Thistle*）

百里香（Thyme）

活躍

　　中古世紀時，女子會在披巾上繡一隻蜜蜂停在一小枝百里香上，然後將它送給心儀的騎士。這個刺繡圖案有一個浪漫的詮釋：「無論你如蜜蜂般飛得多遠，無論百里飄香有多久，我會在這裡忠誠地等待。」那個時代的一個追求傳統就是送給對方一枝芬芳的百里香，委婉地向對方表達求娶之意。如果對方收下了，那意思就是：我願意，去跟我父母提親吧。

野生百里香（Wild Thyme）
輕率

延齡草（Trillium）

端莊美人

　　許多文化裡都視延齡草為神聖的女性藥草，一直用它來幫助生產及其他婦女健康問題。所有延齡草都有的三片花瓣象徵女人一生中的三個階段：少女、母親、老嫗。

夜來香
（*Tuberose*）

百里香
（*Thyme*）

紫雲藤
（*Trumpet Vine*）

紫雲藤（Trumpet Vine）

別離

　　隨著分類學越來越精細，紫雲藤也在過去幾百年裡不斷被重新分類。維吉尼亞州的殖民者最早將這種花視為茉莉的一種，然後是忍冬的一種。後來人們相信它是風鈴草家族的一個成員，之後又將之歸類為羅布麻屬（Apocynum）和紫葳屬（Bignonia）。1867年時，它最後被修訂並重新歸類為凌霄屬（Campsis），這個屬另有兩種有氣生根的開花攀藤。

夜來香（Tuberose）

危險的享樂

　　瑪麗・安東尼曾使用一種香水，叫做「女王的香氣痕跡」（sillage de la reine），是由夜來香、橙花、檀香、茉莉、鳶尾花、雪松等混合而成。"Sillage"這個字的意思即「香水的氣味痕跡」。夜來香的香氣非常濃郁，有人建議體驗它的香氣時最好與它保持一個距離，且要在夜間，免得被它的香氣熏死了。

鬱金香
（*Tulip*）

延齡草
（*Trillium*）

鬱金香（Tulip）

愛的宣言

參閱228頁

　　優雅的鬱金香是土耳其植物史和文化中很重要的一環，也是這個國家驕傲的國花。在土耳其若喊一個人「傻瓜鬱金香」（ass tulip），那是對人家很粗劣的侮辱，因為它的意思是「可鄙之人」。

彩色鬱金香（Striped Tulip）
美麗的雙眸

黃色鬱金香（Yellow Tulip）
無望的愛

鬱金香（Tulip）

愛的宣言

—

參閱227頁

鬱金香最早是由鄂圖曼帝國的蘇萊曼一世[219]於1550年左右在伊斯坦堡栽培出來的。這個花就種在傳統上封閉的稱之為pairi-daēza（古伊朗文，意即「天堂花園」，Paradise Gardens）的波斯花園裡。

"Tulip"這個字源自拉丁文的"tulipa"，意思是「頭巾」、「薄紗」、或「細棉布」，取這個名字是因為鬱金香的花型與回教男子的纏頭巾很相似。此花的顏色飽滿鮮麗、多姿多采，被歐洲人認為具有異國情調，成了他們夢寐以求的奢侈品。有些花朵會出現彩色條紋，後來植物學家們知道那是由蚜蟲所傳播的病毒造成的。這種火焰般的效果驚艷了歐洲人也擄獲了他們的心，於是植物專家們便努力地培育出更多五顏六色的花朵，甚至將健康的球根嫁接到「受損的」球根上。

這種叫人垂涎的球根在十七世紀時點燃了人們稱之為「鬱金香狂熱」[220]的泡沫經濟火焰。那時，這種來自異國的稀有球根喊價高達數千弗羅林[221]一顆。荷蘭人以投機的方式買賣球根，引發大眾搶購，於是展望鬱金香未來的市場行情爆發了。人們賭博般地投入資金，幻想著一顆有特殊花紋的球根就能讓他們掌控了那個特殊品種的未來。人們拿自己的資產去換取它，以為那是能獲取更多財富的一個安全性賭注。有些人甚至付出了一座漂亮運河屋的代價——相當於一名能工巧匠年收入的十倍——去換取一顆來自奧圖曼帝國的球根。

泡沫破了。「鬱金香狂熱」維持僅一年。到了1637年，一顆球根的價值只剩之前價格飆升時的百分之五。這個崩盤讓許多人一夜赤貧。這被相信是人類歷史上第一次投機泡沫事件。

造成這個經濟泡沫化的其中一個因素可能是當時同時爆發的腺鼠疫（俗稱黑死病）。那個流行瘟疫激發了某些人的冒險行為；他們為鬱金香付出了他們不可能轉售獲利的巨額代價。儘管如此，鬱金香一直都是荷蘭的重要出口，每年約生產兩億朵，佔全球所有鬱金香產量的90%。

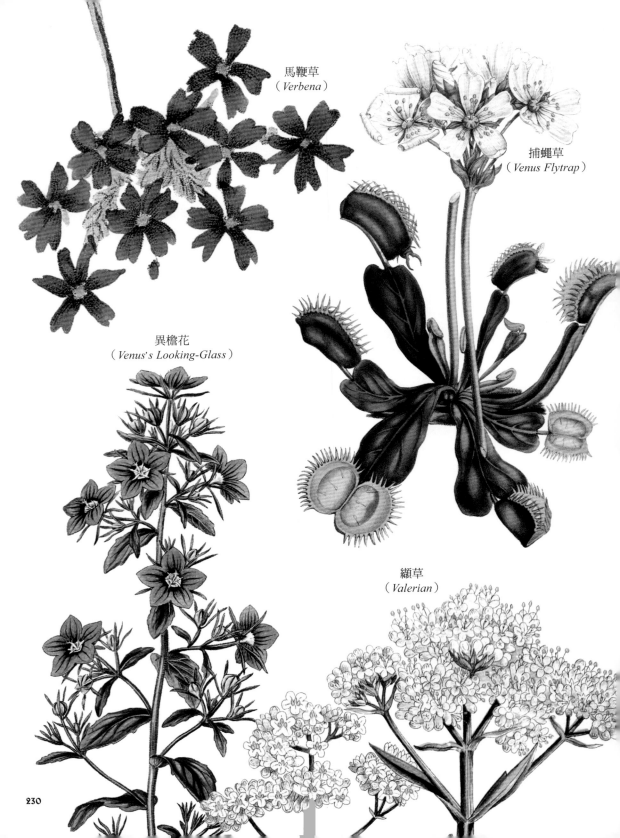

馬鞭草
（*Verbena*）

捕蠅草
（*Venus Flytrap*）

異檐花
（*Venus's Looking-Glass*）

纈草
（*Valerian*）

V

纈草（Valerian）

包容的個性

纈草是一種攀緣植物，老舊建築物的牆面是它攀爬和生長的最佳地點。纈草具有藥效，一直被人們用來舒緩焦慮的人或狗。貓咪喜歡在這種植物裡打滾，並嚙咬嗅聞它的花，那味道有些人說聞起來像臭襪子。這個具有輕微麻醉效果的植物會讓貓覺得很愉悅。貓可能是對正戊酸（Valeric Acid）產生反應，因為從母貓的尿液所散發出來的性費洛蒙裡就有正戊酸存在。

捕蠅草（Venus Flytrap）

欺騙

這種聲名不佳的食肉植物以其香甜的花蜜引誘昆蟲。當獵物碰到其內部表面的觸發纖毛時，「陷阱」就會忽然間闔上。獵物越是掙扎，陷阱就會把它卡得越緊。接下來一周的時間，捕蠅草會分泌出消化液將昆蟲淹死，然後慢慢消化它。一棵捕蠅草一生可能只需要「吃」幾次。由於它們經常被發現生長在隕石墜落地的附近，有些人認為捕蠅草是來自外太空。

異檐花（Venus's Looking-Glass）

諂媚

這種觀賞植物有可愛的紫色花瓣，每當天空有烏雲或太陽下山之時，便會忽然闔起來。許多人相信這種花取名叫做「維納斯的梳妝鏡」是因為它的種子；它們亮晶晶的，反映出了這種花的美麗。

馬鞭草（Verbena）

感性

英文又名Verain。自古以來，馬鞭草便與神祇有關。基督教傳說告訴我們，在耶穌的屍體被從十字架上取下來後，用來給祂的傷口止血的就是馬鞭草。古埃及人稱這種植物為「伊西斯之淚」[222]，而希臘人則將它叫做「西拉的眼淚」[223]。希臘人相信馬鞭草是和平之草，能讓敵人之間講和；因此，希臘的外交官企圖與敵方談條件時，便會在身上戴著一支馬鞭草。

粉紅色馬鞭草（Pink Verbena）
家族聚會

深紅色馬鞭草（Scarlet Verbena）
團結對抗邪惡

白色馬鞭草（White Verbena）
請為我祈禱

婆婆納（Veronica）

忠貞

　　又名石蠶葉婆婆納（Germander Speedwell）、鳥眼婆婆納（Bird's Eye Speedwell）、貓眼婆婆納（Cat Eye）等。一旦從莖梗摘下來，婆婆納的花便會立即枯萎。這個特色使得它在德文裡有個玩笑的稱呼：「男人的忠誠」（Männertreu, "men's Faithfulness）。十八世紀時，人們用婆婆納泡茶喝，相信它能治療痛風。當時這花茶太受歡迎了，以致這個植物幾乎在倫敦絕跡。

穗花婆婆納（**Veronica spicata**）
相似

莢蒾花（Viburnum）

寧死也不能受到冷落

　　別稱雪球（Snowball）、歐洲莢蒾（Guelder Rose）。莢蒾的特色就是白色的圓球狀花頭和鮮紅色的漿果。對這種漿果的描繪經常出現在烏克蘭的刺繡、詩歌、和民謠裡，因為斯拉夫的異教信仰將這種植物與宇宙的誕生聯結。它的漿果也被稱為「火焰三位一體」，代表家鄉、鮮血、和家族根源。

雪球花（**Snowball Blossoms**）
殘年

藤蔓
（*Vine*）

莢蒾花
（*Viburnum*）

婆婆納
（*Veronica*）

藤蔓（Vine）

陶醉

　　藤蔓的種類廣泛，包含各種攀緣或攀爬的鬚狀根莖植物。在許多古英文文本裡，"Vine"這個字指得都是最重要的藤蔓以及酒的來源：葡萄藤（Grapevine）。公元前六世紀的斯基泰[224]哲人安納卡爾西斯[225]曾說：「葡萄藤產出三種果實——陶醉、縱情、和悔恨。」

紫羅蘭（Violet）[226]

謙虛

參見234頁

　　拿破崙在1814年退位時，曾經宣稱說，雖然他被放逐離開法國，但他會帶著紫羅蘭回來——意思是春天，當他最喜愛的花盛開時。戴著這種花成了給與他支持的象徵。「你喜歡紫羅蘭嗎？」這個隱晦的問題是測試政治派別的一個方式。對這個問題的回答若是：「啊，是的！」，那表示彼此之間有某種共識。這個你知我知的對話最後會用一句話作結：「春天時它將會再度出現。」

藍色紫羅蘭（Blue Violet）
忠誠

重瓣紫羅蘭（Double Violet）
互相的友誼

白色紫羅蘭（White Violet）
坦率

黃色紫羅蘭（Yellow Violet）
鄉野之樂

紫羅蘭
（*Violet*）

紫羅蘭
(Violet)

謙虛

參閱233頁

在十九世紀中葉，一小束芳香的紫羅蘭所做成的胸花是非常流行的裝飾品。這個潮流始於法國，不久流傳到英國，然後風行至中歐、東歐，最後傳播到了北美。到了1880年代，紐約州的萊因貝克鎮，已經建立了它全球紫羅蘭之都的盛名。紫羅蘭碰巧是維多利亞女王最喜愛的花；它的花型不但可愛迷人，其醉人的芬芳更是它廣受喜愛的主因。十九世紀期間，紫羅蘭被做成香氛添加在香皂和牙粉裡，也被用在蛋糕、餅乾、果凍、糖果等食品裡提味。散發紫羅蘭香味的文具和墨水如此盛行以至郵務人員抱怨說，他們被一袋袋郵件所散發出的香味嗆壞了。

來自古巴的奧古斯汀·法蘭西斯柯·雷斯是國際公認的調香師。1960年他因卡斯楚政變逃往邁阿密時，所有財產都未能攜出，只除了幾張香水配方的手稿。他與家人重新投入香水事業並給公司的招牌香水重新命名為「皇家紫羅蘭」。那款專門為小寶寶設計的古龍水成了當地的一個傳統，直到現在仍廣受歡迎。在邁阿密的任何藥局你都可買到這款嬰兒專用的香水。

作為一種以香氣聞名的花，很奇怪地你一次只能嗅聞紫羅蘭一下來感受它的香氣。因為紫羅蘭酮（ionones）的存在，我們嗅覺感受器會在幾秒鐘後關閉。不過大腦一旦有一點時間再度啟動，它便能再次察覺那個香味。

許多仕女逐漸培養出了咀嚼紫羅蘭的喜好。那個花會讓她們口氣芬芳、吐氣如蘭；為了這個目的，即使一片花瓣要一分錢也覺得很便宜。有趣的是，有許多美人喜歡在她們緊身內衣的各個神祕處塞入新鮮的紫羅蘭，相信那些壓碎的花瓣比她們所能購得的各種瓶瓶罐罐香氛產品更能散發出細膩芬芳的味道。而花商也熱烈鼓吹這樣的潮流。

——《紐約時報》，1877

睡蓮
（*Water Lily*）

W

壁花（Wallflower）

不幸中的忠誠

　　眾所周知，壁花生長在古堡、修道院、塔樓、農舍等的傾頹牆磚的泥灰與石縫間。雖然這個氣味芬芳、色彩多姿的植物是一種可以在各種乾旱狀況下——如花盆或花園邊界——繁茂生長的灌木，但一個在校園舞會上獨坐一角的內向女孩，那形象仍然叫人想起這種緊靠著牆壁生長的花。

核桃（Walnut）

策略

　　1597年法國與西班牙戰爭期間，法國城市亞眠（Amiens）被喬裝成鄉下人的西班牙人包圍。為了攻破城門，西班牙人釋出了巨量的核桃供應，並假裝那是一個意外。就在一團混亂中，西班牙人攻取了這個城市。直到今日，「吃核桃的人」仍然是對亞眠人的戲稱。

睡蓮（Water Lily）

純潔的心

　　1998年時，科學家在中國東北發現了一種距今一億兩千五百萬年的植物化石，引起植物界的轟動。出土之時被命名為「中華古果」（Archaefructus sinensis）的這個植物被認為是世界上最古老的開花植物，而與它最接近的品種可能就是睡蓮。根據埃及神話，神聖的藍色睡蓮出現在黑水之中，花瓣展開後露出了坐在金色花心的奈夫頓[227]——年輕的香水之神。

水柳（Water Willow）

自由

　　雖然叫做水柳，這種植物與柳樹並無關係。水柳是一種長於水中的開花植物，莖梗高高冒出水面，盛開出茂密的花朵。水柳在水面下的那部份給小魚們提供了棲息場所。而掠食魚，如大嘴黑鱸（largemouth bass），便在它們的附近徘徊，等著大吃一頓。同時，人類在同一地方拋下釣線，希望能將飢餓的鱸魚釣上來。

壁花
（*Wallflower*）

水柳
（*Water Willow*）

核桃
（*Walnut*）

西瓜花（Watermelon Blossom）

笨重

　　西瓜有多汁香甜的紅色果肉，是清新提神的美味水果，但有關西瓜的一些故事其不祥的暗示卻叫人驚訝。巴爾幹半島的羅馬人有一則充滿警示的傳說：如果西瓜放太久，它可能就會變成一個西瓜吸血鬼。當它的果皮上冒出一滴血時，那便是西瓜要開始變形的預兆。

小麥（Wheat）

繁榮

　　十九世紀的墓碑上常刻有象徵性的植物圖案。人們在墓碑上刻一束裝飾性的小麥穗以向壽終正寢的老者致敬。那個圖案代表收穫季節，象徵死者不但長壽且擁有富足的一生，而今必須面對「猙獰的收割者」的到來（形象通常是拿著鐮刀收割的死神），祂會前來將他們帶走。

柳樹
（Willow）

西瓜花
（Watermelon Blossom）

小麥
（*Wheat*）

瑪瑙珠
（*Winter Cherry*）

柳樹（Willow）

被拋棄

　　柳樹往下垂的姿勢也許很憂傷，但無論你從它身上砍下多少枝條，它仍會繼續繁茂生長。數千年來，人們一直都在用從柳樹皮萃取出來的一種物質來泡製藥茶，用來治療發燒、疼痛、和發炎等。對柳樹的藥性的使用，可在蘇美人[228]的泥板文獻[229]及古埃及的莎草紙文獻上找到證據。這種萃取物便是我們現在較常聽到的乙醯水楊酸（acetylsalicylic acid, 簡稱ASA），它是阿斯匹靈裡的有效成分。直到十九世紀，法國一名叫做查爾斯·弗雷德瑞克·格哈特[230]的化學家才開發出了這種酸的合成製造方式。

筐柳（Basket Willow）
坦率

垂柳（Weeping Willow）
哀悼

瑪瑙珠（Winter Cherry）

欺騙

　　又名錦燈籠（Chinese Lantern）、酸漿（Bladder Cherry）。瑪瑙珠可食的果實會在它彷如燈籠、薄如蟬翼的橘色外殼碎裂時露出來，只留下網狀的骨架。許多文明都曾頌揚過瑪瑙珠的藥效，將之視為一種神聖的植物。在日本，它叫作"hozuki"（燈籠果），將之作為獻祭時，代表它將引領亡者的靈魂進入冥界。

紫藤（Wisteria）

歡迎，美麗的陌生人

　　數千年來，茶一直是中華文化中不可或缺的一部分。十九世紀中葉時，隨著下午茶在英國的風行，英國東印度公司派了一名間諜到中國去竊取貿易秘密。當時外國人是不允許進入中國內地的，但植物學家羅伯特·福鈞[231]喬裝成中國人[232]，偷偷潛入內地並接觸到了中國的園藝栽培技術和製茶的方法。他走私了各種種子和上等綠茶樹、紅茶樹的插條，以及黃玫瑰、迎春花（winter jasmine）、紫藤等的樣本。西方許多植物史因此將這些花的「發現」歸功於福鈞。

金縷梅（Witch Hazel）

符咒

　　金縷梅的樹枝自古以來就被拿來當作尋找地下水源的占卜棒。[233]在利比亞阿杰爾高原[234]洞穴裡所發現的九千多年前的壁畫上就描繪了一群人正在看一名地下水源探查者工作，而後者手裡就握著一支角狀的樹杈。探查的步驟是：探查水源之人一步一步持續走動，直到手中的樹杈彎向地面。將這個植物壓碎、熬煮、再蒸過後，可用來於局部傷口止血和抗發炎。

大酸味草
（*Wood Sorrel*）

紫藤
（*Wisteria*）

金縷梅
（*Witch Hazel*）

大酸味草（Wood Sorrel）

喜悅

又名三角紫葉酢漿草（Oxalis）；俗稱假三葉草（False Shamrock）。這個屬的有些品種常被誤認為是苜蓿。這種植物所含的草酸是它的味道有些微酸的原因。美國大平原的原住民基奧瓦人（Kiowa）在長途旅行時傳統上會咀嚼這種植物來補充水分。切羅基人（Cherokee）則用冷的大酸味草茶來緩和嘔吐。阿爾岡昆人（Algonquin）甚至將它當作催情劑使用。

大酸味草
（Wood Sorrel）

青蒿（Wormwood）

缺席

青蒿是用來製作有致幻效果的苦艾酒的草本植物之一。這種植物含有側柏酮（thujone），而高濃度的側柏酮會導致癲癇發作和死亡。在美國，側柏酮不管用量多少都是被禁止的。

青蒿
（Wormwood）

Y

蓍草（Yarrow）

戰爭

　　蓍草的學名是Achillea，源自神話裡
的人物阿基里斯[235]；據稱他將這種花貯
存並帶到戰場給他的軍隊使用。蓍草有
凝血功能，可做成膏狀敷在傷口上。

紫杉（Yew）

悲傷

　　據說紫杉能活兩千多年，
但隨著年紀增長，紫杉樹的
心會變空，以致要確認它的
樹齡有困難。古時羅馬入侵
者都在紫杉樹下舉行禮拜儀
式，以吸引熱愛大自然的異
教徒。直到今日，這些與魔
法有關聯的樹在全英國許多
教堂旁都可看到。

蓍草
（*Yarrow*）

紫杉
（*Yew*）

Z

韭蓮
（*Zephyrlily*）

韭蓮（Zephyrlily）

期望

　　韭蓮的名字來自希臘文的
"zephyranthes"，意思是「西風的
花」。全世界都有人將這種花當作
治療各種疾病的草藥，包括祕魯人用
它治腫瘤，中國人用它治乳癌，非洲某
些地區的人用它治糖尿病等。

百日菊（Zinnia）

想起遠方友人

　　百日菊有許多種鮮豔飽滿的顏色，
是最受歡迎的園藝花卉之一。對美國西
南方的原住民布韋布羅人（Pueblo）來
說，這種花是智慧的象徵。因此，他們
會將這種可食的花餵給孩童吃，
希望他們長大後能既聰慧
又口齒伶俐。

百日菊
（*Zinnia*）

非凡之美 ／ 馬蹄蘭（Calla Lily）

成熟的魅力 ／ 嘉德麗亞蘭（Cattleya Orchid）

憂愁之美 ／ 金鍊花（Laburnum）

完美的女性魅力 ／ 珊瑚花（Justicia）

幸福重現 ／ 鈴蘭（Lily of the Valley）

如陽光般閃亮的眼 ／ 皺葉剪夏羅（Maltese Cross）

你是一切可愛的化身 ／ 奧地利玫瑰（Austrian Rose）

狂喜 ／ 梔子花（Gardenia）

超越美的價值 ／ 香薺（Sweet Alyssum）

你魅力無窮 ／ 庭園陸蓮花（Garden Ranunculus）

調情與情慾

熱情 ／ 海芋（Arum）

臉紅 ／ 墨角蘭（Marjoram）

賣弄風騷 ／ 萱草（Daylily）

危險的享樂 ／ 夜來香（Tuberose）

雅緻的樂趣 ／ 甜豌豆（Sweet Pea）

超凡之美已經迷惑了我 ／ 羽毛風信子（Feathered Hyacinth）

心之火焰 ／ 紅白玫瑰（Red-and-White Rose）

愛的初次悸動 ／ 紫丁香（Lilac）

愛的第一個言語 ／ 黃色茉莉（Yellow Jasmine）

愛的第一個嘆息 ／ 白屈菜（Greater Celandine）

調情 ／ 雜色罌粟花（Variegated Poppy）

我是你的俘虜 ／ 桃花（Peach Blossom）

熱情 ／ 白色白蘚（White Fraxinella）

痛並快樂著 ／ 犬薔薇（Dog Rose）

情慾 ／ 西班牙茉莉（Spanish Jasmine）

給甜心的甜蜜 ／ 千里香（Daphne Odora）

豐滿性感的 ／ 松葉牡丹（Moss Rose）

貪婪 ／ 魯冰花（Lupine）

你是賣弄風騷的女王 ／ 貴婦火箭花（Dame's Rocket）

請跟我跳下一支舞 ／ 藤類天竺葵（Ivy Geranium）

羞辱與厭惡

貪婪 ／ 深紅色耳狀報春花（Scarlet Auricula）

死亡勝過失去純真 ／ 乾燥白玫瑰（White Rose, dried）

虛假的魅力 ／ 曼陀羅（Datura）

令人失望的期待 ／ 魚天竺葵（Fish Geranium）

憎惡 ／ 蛙蘭（Frog Orchid）

不信任 ／ 薰衣草（Lavender）

滾開！ ／ 唇萼薄荷（Pennyroyal）

怨恨 ／ 羅勒（Basil）

只有死亡能讓我改變心意 ／ 月桂葉（Bay Leaf）

我公然反對你 ／ 地膚（Belvedere）

寧死也不能受到冷落 ／ 莢蒾花（Viburnum）

明日我將死去 ／ 膠薔樹（Gum Cistus）

我絕不乞求 ／ 玫瑰花葉（Rose Leaf）

我不會活得比你久 ／ 黑桑葚（Black Mulberry）

劣根性 ／ 野山楂花（Crabapple Blossom）

讓我走 ／ 馬利筋（Butterfly Weed）

厭世 ／ 起絨草（Fuller's Teasel）

醜聞 ／ 嚏根草（Hellebore），雙色玫瑰（Bicolor Rose）

愚蠢 ／ 深紅色天竺葵（Scarlet Geranium）

你的不悅會殺了我 ／ 黑醋栗花（Currant Blossom）

別碰我 ／ 紅色鳳仙花（Red Impatiens），牛蒡（Burdock）

你很惡毒 ／ 蕁麻（Stinging Nettle）

我會因你而死 ／ 毒堇（Hemlock）

你的奇想頗令人無法忍受 ／ 蜂香薄荷（Bee Balm）

愛情與友誼

熱情 ／ 苔狀虎耳草（Mossy Saxifrage），牽牛花（Morning Glory）

為愛憔悴 ／ 沙崙玫瑰（Rose of Sharon）

愛的宣言 ／ 鬱金香（Tulip）

初期的友誼 ／ 藍色長春花（Blue Periwinkle）

愛與敬重 ／ 草莓樹（Strawberry Tree）

勿忘我 ／ 勿忘我（Forget-Me-Not），黃紫色三色堇（Yellow-and-Purple Mixed Pansy）

友情 ／ 金合歡（Acacia）

幸福的愛 ／ 新娘玫瑰花（Bridal Rose）

如果你愛我，你就會找到答案 ／ 少女的嬌羞（Maiden Blush Rose）

愛情 ／ 桃金孃（Myrtle），紅玫瑰（Red Rose）

一見鍾情 ／ 阿肯薩金雞菊（Coreopsis arkansa）

未被接受的愛 ／ 豚草（Ragweed）

甜蜜且秘密的愛 ／ 蜜糖花（Honey Flower）

純粹且熱烈的愛 ／ 紅色康乃馨（Red Carnation），紅色石竹（Red Pink）

互相的友誼 ／ 重瓣紫羅蘭（*Double Violet*）

秘密戀情 ／ 大葉相思樹（*Yellow Acacia*）

真正的友誼 ／ 櫟葉天竺葵（*Oak-Leaved Geranium*）

不變的友誼 ／ 側柏（*Arborvitae*）

你佔據了我的思維 ／ 紫色三色堇（*Purple Pansy*）

你的魅力銘刻於我心 ／ 衛矛（*Spindle*）

悲傷與弔唁；道歉

至死不渝的感情 ／ 刺槐（*Locust*）

安慰 ／ 罌粟花（*Poppy*）

心痛良藥 ／ 蔓越莓花（*Cranberry Blossom*）

正在破滅的希望 ／ 藍色旋花（*Blue Bindweed*）

悲痛 ／ 蘆薈（*Aloe*），圓葉風鈴草（*Harebell*），萬壽菊（*Marigold*）

無望的愛 ／ 黃色鬱金香（*Yellow Tulip*）

我很抱歉 ／ 紫色風信子（*Purple Hyacinth*）

我最愛憐悲傷時的你 ／ 龍膽草（*Gentian*）

憂鬱的精神 ／ 悲傷天竺葵（*Sad Geranium*）

哀悼 ／ 垂柳（*Weeping Willow*）

我的心為你滴血 ／ 日本山茶（*Camellia japonica*）

我的懺悔會追隨你到墳墓去 ／ 常春花（*Asphodel*）

回憶的快樂 ／ 白色長春花（*White Periwinkle*）

記憶 ／ 迷迭香（*Rosemary*）

懺悔 ／ 覆盆莓花（*Raspberry Blossom*）

被輕視的愛 ／ 黃菊花（*Yellow Chrysanthemum*）

悲傷的回憶 ／ 側金盞花（*Adonis*）

同情 ／ 星辰花（*Statice*）

眼淚 ／ 堆心菊（*Helenium*）

溫柔的回憶 ／ 長春花（*Periwinkle*）

想起遠方友人 ／ 百日菊（*Zinnia*）

寡居 ／ 輪鋒菊（*Mourning Bride; Sweet Scabiosa*）

你的在場緩解了我的痛苦 ／ 黃芪（*Milkvetch*）

靈性

符咒 ／ 金縷梅（*Witch Hazel*）

對天堂的信心 ／ 開花蘆葦（*Flowering Reeds*）

請為我祈禱 ／ 白色馬鞭草（*White Verbena*）

宗教迷信 ／ 蘆薈（*Aloe*），西番蓮（*Passion Flower*）

鄉野的神諭 ／ 蒲公英（*Dandelion*）

秘密 ／ 玉竹（*Solomon's Seal*）

沉默 ／ 白玫瑰（*White Rose*），顛茄（*Belladonna*）

巫術 ／ 露珠草（*Enchanter's Nightshade*）

靈性之美 ／ 櫻花（*Cherry Blossom*）

迷信 ／ 聖約翰草（*St. John's Wort*）

真相 ／ 苦甜藤（*Bittersweet Nightshade*），白菊花（*White Chrysanthemum*）

團結對抗邪惡 ／ 深紅色馬鞭草（*Scarlet Verbena*）

你是我的神 ／ 流星花（*Shooting Star*）

心態

焦慮與顫抖 ／ 紅色耬斗菜（*Red Columbine*）

無聊 ／ 紅色紫羅蘭（*Red Stock*）

勇敢 ／ 橡樹葉（*Oak Leaves*）

安靜的休息 ／ 睡菜（*Buckbean*）

好奇 ／ 西克莫樹（*Sycamore*）

自由 ／ 噴嚏草（*Sneezewort*），水柳（*Water Willow*）

希望 ／ 杏花（*Almond Blossom*），山楂樹（*Hawthorn*），雪降花（*Snowdrop*）

逆境中的希望 ／ 雲杉（*Spruce*）

沒耐性 ／ 鳳仙花（*Impatiens*）

陶醉 ／ 藤蔓（*Vine*）

耐心 ／ 牛眼菊（*Ox-Eye Daisy*），香車葉草（*Galium*）

和平 ／ 橄欖枝（*Olive Branch*）

必贏的決心 ／ 紫色耬斗菜（*Purple Columbine*）

睡吧，我的毒藥，我的解毒劑 ／ 白罌粟花（*White Poppy*）

思慕 ／ 三色堇（*Pansy*）

銘謝

能寫作這本書並與大家分享，我內心充滿感激。一路上有許多人幫助我，我對他們懷抱深深的謝意。

吉莉安·麥克肯西的熱誠、鼓勵和支持，舒緩了我寫作時的戒慎恐懼。她也為這本書找到了一個完美的家。

莎拉·奈維爾看見了這本書的潛力，一路相挺陪在我身邊。她在編輯上和重點之處的引導，是完成這本書的重要關鍵。莉茲·舒庫和丹尼爾·德軒的優美設計，將文字與插圖完美地結合起來。帕特里夏·邵、潔西卡·海姆、克羅伊·阿里取，還有克拉克森波特出版社的其他同仁，你們的各種付出讓這本書最終能夠完成——謝謝你們！能跟如此有才華的團隊合作，是我無法想像的殊榮。

我也要感謝讓·巴堯姆·巴克爾、莎登娜·柯翰、米凱拉·德里、克里夫·弗洛斯特、賽門·哈姆斯、穆斯塔法·翁德爾、克麗珊·斯塔科斯、卡佳·馮·舒滕巴赫和土山知志等朋友的協助：他們或是幫我收集資料，或是幫我翻譯，或回答我文化方面的問題。

喬登·馬力卡、華樂莉·富里德蘭和李察·麥克拉肯則在

關於作者

凱倫·阿祖萊是一位視覺藝術家和作家，目前定居在紐約布魯克林區。

他們的專業領域裡給我提供了寶貴的見解。同然，植物學家克拉莉思·關恩也是一位至關重要的合作者，她幫我釐清了我對植物的諸多認知。

許多圖書館員和檔案管理員為我指出了正確的方向，包括紐約植物園的史蒂芬·賽儂和布魯克林植物園的凱西·克羅斯比。

本書的名字Flowers and Their Meanings是卡爾·威廉森的創想。

書中插圖出現的美麗臉孔，來自莎登娜·柯翰、雪若·庫克、瑪莉札·米爾希爾、阿利·斯柯特、亞歷山大·巴利思和艾米·貨什實。洛里·賴利則在拍攝這些圖像的工作中扮演重要角色。

還有畢安卡·貝克、朱德·布洛翰、麥克·寇柏、瑞秋·多姆、索菲亞·佩爾和瑪格莉特·史蒂文森等朋友們不時給我的反饋，這些都讓我感動、感謝。

對所有支持我、不斷給我加油打氣的朋友和家人，我只能說：沒有你們，這本書不可能完成。

當我將這本書的初始幻想透露給凱特·波麗克時，她立即回應了我熱情的鼓勵，並燃起了我行動的火花。在這過程中，她睿智的建議和支持無數次拯救了我。而她以美麗的文筆為我所撰寫的前言，更是其中最珍貴的。

喬治·麥克拉肯的堅毅在我疑惑和動搖時，給予我最大的精神支柱。他的支持、耐心和鼓勵，對這本書（還有我的神智之正常）是巨大無比的貢獻。在那麼多讓我感到快樂的甜蜜手勢中，他證明了所有花卉的浪漫都是真的。

延伸閱讀

Botanical Folk Tales of Britain and Ireland, by Lisa Schneidau, 2018

Botanical Shakespeare, by Gerit Quealy and Sumié Hasegawa-Collins, 2017

Braiding Sweetgrass, by Robin Wall Kimmerer, 2013

Cattail Moonshine & Milkweed Medicine, by Tammi Hartung, 2016

Floral Emblems, by Henry Phillips, 1825

The Floral Fortune-Teller, by Sarah Mayo, 1846

Flora's Dial, by J. Wesley Hanson, circa 1846

Flora's Dictionary, by Elizabeth Gamble Wirt, 1829

Flora's Interpreter, by Sarah Hale, 1848

Flowers and Their Associations, by Anne Pratt, 1840

Flowers in Chinese Culture: Folklore, Poetry, Religion,
by An Lan Zhang, 2015

Flowers of Edo: A Guide to Classical Japanese Flowers,
by Kazuhiko Tajima, 2019

The Flowers Personified, by J.J. Grandville, 1847

Folklore and Symbolism of Flowers, Plants, and Trees,
by Ernst Lehner and Johanna Lehner, 1960

Iwigara: American Indian Ethnobotanical Traditions and Science,
by Enrique Salmón, 2020

Le Langage des Fleurs, by Charlotte de La Tour, 1819

The Language of Flowers, by Caroline M. Kirkland, 1884

The Language of Flowers: With Illustrative Poetry,
edited by Frederic Shoberl, 1834

The Language of Flowers: A History, by Beverly Seaton, 1995

The Native Americans Herbal Dispensatory Handbook,
by Philip Kuckunniw, 2020

The Pre-Raphaelite Language of Flowers,
by Debra N. Mancoff, 2019

A Victorian Lady's Guide to Fashion and Beauty,
by Mimi Matthews, 2018

The Victorian Language of Flowers, Occasional Papers from
the Royal Horticultural Society Lindley Library, volume 10,
edited by Dr. Brent Elliott, April 2013

Wicked Plants, by Amy Stewart, 2009

Women of Flowers, by Jack Kramer, 1996

註解

1. Middlemarch，商周出版的繁體中文版譯為《米德鎮的春天》。許多人認為這是英國最偉大的小說。

2. Oscar Wilde, 1854-1900, 出身愛爾蘭的詩人和劇作家，是 1890 年代初倫敦最受歡迎也是最具話題性的劇作家之一。

3. Tyler, the Creator, 1991 -, 本名 Tyler Gregory Okonma，美國知名嘻哈歌手，唱片製作人。

4. *Ulysses*，詹姆斯・喬伊斯（James Joyce, 1882-1941）於 1922 年出版的長篇小說，它曾被選為二十世紀百大小說之首，也被譽為現代主義及意識流小說的開山之作。

5. Karen Azoulay, 1977- , 加拿大籍跨界藝術家和作家。她透過表演藝術和雕塑作品來探詢大自然的奧秘和女性之美。

6. Valley girl，意指出自富裕家庭、虛榮無腦的金髮女郎。

7. Ovid, 43 BCE-17/18 AD, 奧古斯都時代的古羅馬詩人，與賀拉斯（Horace）、維吉爾（Virgil）並稱古羅馬三大詩人。

8. *Metamorphoses*, 奧維德代表作，以「變形」為主題描述了 250 多個神話故事。

9. 一種有劇毒的植物，結黑而亮的小果實。

10. *Kama Sutra*, 或譯作《愛經》，古印度的性愛寶典。

11. Saint Valentine's Day，音譯即聖瓦倫丁節。

12. Lupercalia, 原是慶祝牧神盧波卡斯（Lupercus）的節日，是古羅馬重要的節日之一。

13. Aztecs，十四到十六世紀存在於墨西哥的古代文明。阿茲特克人是墨西哥的原住民。

14. War of the Roses, 1455-1485, 也譯作「薔薇戰爭」。

15. Ophelia，莎士比亞四大悲劇之一《哈姆雷特》裡的一個女性角色；原本可能嫁給王子哈姆雷特，後因王子的某些古怪唐突行為而陷入瘋狂狀態，最後為了採花落入河中溺斃。

16. Druids，基督教未傳入前，流傳在古代英國、愛爾蘭、法國等地的宗教。

17. Joseph Banks, 1743-1820, 英國探險家、博物學家，曾多年擔任皇家學會會長。

18. HMS Endeavor, 庫克船長（James Cook）在 1768 年第一次遠征時所搭乘的船，是一艘 368 噸等級的三桅帆船。

19. *Cadigal*, 雪梨市的原住民。

20. Rosetta Stone, 一塊製作於公元前 196 年的花崗閃長岩石碑，上面刻有古埃及法老王托勒密五世的詔書。這石碑上同時以三種不同的語言刻了同一段內容，近代考古學家在對照各語言版本後解讀出已經失傳一千多年的古埃及象形文字的意義與結構，是今日研究古埃及歷史的重要文物。

21. Demotic Scripts, 也就是民用文字、俗體文字。

22. Jean-François Champollion, 1790-1832, 法國語言學家、埃及學者，第一位破解古埃及象形文字並解讀出羅塞塔石碑上所刻之文的學者。

23. Biodiversity Heritage Library（BHL），是一個創立於 2005 年的線上圖書館，收錄有數百年前的生物科學文獻紀錄，將之數位化後開放公眾使用。

24. Lady Mary Wortley Montagu, 1689-1762. 她在土耳其看到種痘預防天花效果顯著，便將接種方法引進英國；此舉促成了後來牛痘疫苗的發明，挽救了無數生命。

25. Turban, 錫克族、印度教徒、穆斯林等用的包頭巾。

26. Sélam, 一般音譯為「色蘭」，是中東普遍使用的問候語，意思是你好、祝你平安。

27. Aubry de La Motraye, 1674-1743, 法國旅行家、外交官。

28. 法國駐伊斯坦堡的使館秘書。他的回憶錄除了記載他在伊斯坦堡十年的出使經驗外，也包括了鄂圖曼宮庭所使用的「花語」，那些記述顯然是歐洲人最早的有關花語的報導。

29. 行額手禮，一種打招呼或問候的方式，常見於穆斯林國家。

30. Ayurvedic medicine, 阿育吠陀醫學是世界上最古老的醫學體系之一，可追溯至公元前 3000 年。阿育吠陀字面的意思是「生命知識」，雖說是一門醫學，但它更講究的是一種健康的生活方式，五千多年來一直被無數印度家庭奉行使用。

31. Shoshone, 美國印地安人的一支，曾活躍於美國西部。

32. Thomas Jefferson, 1743-1826, 美國第三任總統，也是《美國獨立宣言》起草人之一。

33. Benjamin Franklin, 1706-1790, 美國國父、開國元勛之一。

34. Royal Botanic Gardens, Kew, 位於英國倫敦西南郊的泰晤士河畔列治文區一處叫做「丘」（Kew）的地方，因此又稱為丘園（Kew Gardens），原是英國皇家園林，目前收集有約五萬種植物。

35. New York Botanical Garden, 佔地約 100 公頃，設有一些全球領先的植物實驗室。

36. Carl Linnaeus, 1707-1778, 瑞典動植物學家，瑞典科學院創始人之一，動植物雙名命名法（Binomial Nomenclature）的創立者，有現代生物分類學之父美稱。

37. Napoleonic Wars, 1803-1815 年發生的五場龐大的全球性衝突，由拿破崙領導的法國和其從屬國與反法同盟之間所爆發的戰爭。

38. Palm House, 建於 1848 年。丘園有五大溫室，另外四座分別是高山植物溫室（Davis Alpine House）、睡蓮溫室（Waterlily House）、溫帶植物溫室（Temperate House）、和威爾斯王妃溫室（Princess of Wales Conservatory）。

39. MASH 代表豪宅（Mansion）、公寓（Apartment）、小破屋（Shack）、和透天厝（House）。這個遊戲會預示問卜者將來會住在哪一種房子裡，換言之，他未來的財富運勢。

40. *Godey's Lady's Book*, 1830-1878 在美國費城發行的婦女雜誌，曾是全美發行量最大的月刊。

41. Harriet Beecher Stowe, 1811-1896, 美國作家、廢奴主義者。她的作品《湯姆叔叔的小屋》咸認是美國南北戰爭的導火線之一。

42. Emily Dickinson, 1830-1886, 美國女詩人，風格簡練、比喻殊異，是公認的美國現代派詩作的先驅，詩作上千首，但生前只發表過十首詩，死後近七十年才開始獲得文學界的關注。

43. Florence Nightingale, 1820-1910, 英國護士和統計學家，她在衛生護理上的貢獻，為她贏得「白衣天使」的稱號。

44. 早期的烏干達發展出五個中央集權且繁榮昌盛的王國：布干達（Buganda）、布尼奧羅（Bunyoro）、布索加（Busoga）、托羅（Toro）、和安柯勒（Ankole）。

45. Barkcloth, 音譯巴克布。樹皮布以桑樹皮為主，上面常飾有幾何圖紋，在亞洲、非洲、和太平洋地區曾經很常見。

46. Crystal Palace Exhibition, 水晶宮不同於其他宮殿處在於它是完全用鋼架和玻璃所建成，是十九世紀的英國建築奇觀之一；它是為 1851 年的世界博覽會而在海德公園內興建，博覽會結束後，原先計畫要拆除的水晶宮遷址至倫敦南部的賽登哈姆重建，之後於 1936 年因一場大火被燒毀，至今未重建。

47. Anne Pratt, 1806-1893, 英國著名的植物學與鳥類學的作家和插畫家。

48. J. J. Grandville, 1803-1847, 十九世紀法國最知名的諷刺漫畫家和插畫家，被譽為超現實主義之父。

49. 此書的中文譯名取自 2006 年華東師範大學所出版的該畫冊中文版書名。

50. Magic 8-Balls, 一種用來占卜的玩具。

51. Amelia Jenks Bloomer, 1818-1894, 美國婦女權利和禁酒運動提倡者。

52. Susan B. Anthony, 1820-1906, 著名的美國民權運動領袖，她和伊莉莎白·卡迪·斯坦頓（Elizabeth Cady Stanton, 1815-1902）是婦女禁酒運動組織的共同創立者，在十九世紀美國女性爭取投票權的運動中扮演了關鍵性角色。

53. 女子穿著長褲在當時尚未被認可，這也是女性爭取褲權的第一步。

54. Jane Wells Webb Loudon, 1807-1858, 英國作家，除園藝書籍外，更以科幻小說聞名，是這類小說的先鋒作者。

55. Augusta Innes Withers, 1792-1877, 英國知名的自然歷史插畫家。

56. Queen Adelaide, 1792-1849, 英王喬治四世的妻子。

57. Priscilla Susan Bury, 1799-1872。

58. John James Audubon, 1785-1851, 法裔美國人，畫家、博物學家。他所繪製的鳥類圖鑑《美國鳥類》被視為「美國國寶」珍藏。

59. Kate Greenaway, 1846-1901, 英國插畫家、繪本作家，被譽為兒童繪本的先驅之一。

60. Tea gown, 十九世紀中葉非常流行的非正式禮服，是婦女在家中不穿束腰也沒有女僕協助打扮時所穿，其部份靈感來自和服，袖子長且流暢，看起來優雅慵懶。

61. Phrenology, 是一種認為人類的心理與特質能夠根據頭顱的形狀來推斷的學說，在十九世紀十分盛行，但因缺乏實質證據，在現代已被判定為偽科學。不可否認的是，顱相學提出了大腦皮質定位的概念，從而奠定了現代神經科學的基石。

62. John Singer Sargent, 1856-1925, 美國藝術家，以描繪愛德華時代的奢華聞名，是當時的領軍肖像畫家。

63. James Whistler, 1834-1903, 美國畫家，十九世紀後半葉美國寫實油畫三巨頭之一。惠斯勒對現實世界的美懷有特別的崇敬，是一位追求唯美主義的油畫大師。

64. Ooka Shunboku, 1680-1763, 日本江戶時代畫家。這幅畫作上署名王維烈（明代蘇州畫家，尤善花鳥），可能是大岡春卜的仿作或收藏。

65. Omaha, 美國原住民的一支。

66. Underground Railroad, 是美國在十九世紀初到十九世紀中葉秘密建立起來的逃亡路線和庇護所，受奴役的非裔美國人藉此逃亡到自由州或加拿大。

67. Tanka, 有三十一個音節的日本短詩歌。

68. William Morton Fullerton, 1865-1952, 美國新聞記者、作家、及英國《泰晤士報》的駐外記者。他最為人知的即是他與伊迪絲‧華頓持續約三年的地下戀情。

69. Willa Cather, 1873-1947, 美國作家，1923 年普立茲獎得主，著名的多產作家，著有十三本中長篇小說和三本短篇小說集，以擅長描寫女性及早期移民的拓荒生活聞名。

70. Pike Place Market, 始於 1907 年，位於美國華盛頓州西雅圖的派克街，是全美最古老的農貿市場，現為西雅圖著名的打卡景點之一。

71. Ebers Papyrus, 紀錄埃及草藥的莎草紙文稿，可追溯至公元前 1550 年，是古埃及最重要的醫學文獻。格爾格‧埃伯斯（Georg Ebers）於 1873 年在埃及購買了它，現保存於德國萊比錫大學的圖書館中。

72. Corinthian column, 此名稱來自古希臘的城邦哥林斯（Corinth），其柱頭頂端刻成莨苕葉的形狀，看起來有如盛滿花草的花籃，雅典城的宙斯神廟所採用的圓柱便是哥林斯圓柱的風格。

73. William Morris, 1834-1896, 英國著名詩人、畫家、紡織設計師。他所設計的家具、壁紙、布料等的花紋以華美著稱，其中最具代表性的便是莨苕葉的圖案。

74. Ares, 希臘神話中的戰神（God of War），愛神阿弗羅黛蒂公開的情人。

75. Aaron's rod, 亞倫是摩西的兄長也是他的代言人，據傳他是猶太教的第一位祭司。

76. Nahuatl, 住在墨西哥南部和中美洲的印地安原住民。

77. Prohibition, 1920-1933, 禁酒令推行期間，美國政府不但稅收下降，禁酒也未使酒精的消耗減少，反而使得私釀酒猖獗、假酒氾濫；在文化方面，禁酒摧毀了幾百年來各地移民所帶來的釀酒技術及各自文化的多樣性。

78. Pacific Northwest, 指美國西北部和加拿大西南部的太平洋沿岸地區，包括阿拉斯加州東南部、不列顛哥倫比亞省、華盛頓州、俄勒岡州、愛荷達州、蒙大拿州西部、加利福尼亞州北部、和內華達州北部等。

79. Coast Salish people, 住在加拿大英屬哥倫比亞省西南部與華盛頓州西北部的原住民族。

80. Spadix, 肉穗花序，植物學術語，指的是許多無梗單性小花密集生於花軸之上。肉穗花序的花軸肥厚、多肉質。

81. Yggdrasill, 一般譯為「世界樹」、「宇宙樹」、「乾坤樹」等。

82. Ragnarök, 諸神的黃昏，指的是北歐神話預言中的一連串毀滅性災難，包括造成重要的神如奧丁、索爾等死亡的宇宙大戰和無數的自然浩劫，之後，整個世界將沉沒於水底。

83. 在今日巴勒斯坦南部，古時猶大王國所在地。

84. 金縷梅有殺菌消炎效果，可使皮膚緊繃進而緩解搔癢、刺激及腫脹。

85. Isopropyl alcohol, 是一種無色、易揮發的液體，在醫界常被用來作擦拭用酒精及消毒劑；家居常用物品中，則常見於擦拭用酒精、乳液、及玻璃清潔劑中。

86. Basilisk, 希臘和歐洲傳說裡的蛇怪，長著公雞頭、蛇尾巴，有劇毒，目光可致人於死。

87. Blackfoot, 又名 Niitsitapi, 北美四支大平原原住民組成的聯盟，主要分佈在加拿大西部和美國蒙大拿州。

88. Thymol, 由百里香的植物精油提煉出來的一種物質，有獨特香味，並具有抗菌功效，常用作化妝品、驅蟲劑、香水、漱口水等的基本原料。

89. Flanders, 比利時北部的一個荷語區。

90. Pele, 夏威夷神話裡掌管火災、雷電、風的女神。傳說中她是夏威夷群島的創造者，擁有強大的力量，包括激情、忌妒、隨興等。

91. Brittany, 法國西北部的一個地區。

92. Lucifer, 撒旦（Satan）未墜入地獄前的名稱。

93. Georgia, 歐洲東南小國，位於南高加索區黑海沿岸。

94. Navajo, 分佈於美國西南部的一支原住民，是北美洲地區最大的原住民族群。

95. Pliny the Elder, 23-79, 古羅馬作家、博物學者、軍人、政治家。他有個義子，人稱小普林尼（Pliny the Younger）。

96. Charles Dickens, 1812-1870, 英國十九世紀著名作家、評論家；代表作有《孤雛淚》、《塊肉餘生記》等。

97. St. Louis of France, 1214-1270, 法蘭西國王路易九世，在位 43 年，外號「賢人」，因其在經濟、知識、及藝術復興方面的政績和貢獻，於 1297 年被羅馬教廷封為「法蘭西的聖路易」。

98. André Le Nôtre, 1613-1700, 法王路易十四的首席園林設計師，凡爾賽宮便是由他設計建造。

99. 參閱註 2。

100. Coco Chanel, 1883-1971, 法國先鋒設計師，時尚產業的代名詞，經典品牌香奈兒創辦人。

101. Zuni, 美國新墨西哥州西部的印地安人。

102. William McKinley, 1843-1901, 其最為世人熟知的政績, 是美西戰爭期間領導美國擊敗西班牙; 此役讓美國獲得了菲律賓、關島、波多黎克等的控制權, 確保了美國太平洋大國的地位, 也結束了西班牙在西半球的殖民統治。1901 年遇刺, 是繼林肯、加菲爾德 (James Garfield, 1831-1881, 美國第二十任總統) 後, 美國史上第三位被刺身亡的總統。

103. Theodore Roosevelt, 1858-1919, 美國第二十六任總統, 中文習稱他為老羅斯福, 以別美國第三十二任總統小羅斯福 (Franklin Delano Roosevelt, 1882-1945, 小羅斯福非老羅斯福之子, 兩人是同出羅斯福家族的堂兄弟。)

104. 參閱註 2。

105. The Pall Mall Gazette, 1865 年創辦於倫敦的一家晚報。

106. Robert Hichens, 1864-1950, 英國小說家、評論家。

107. Thesmophoria, 也常音譯為「塞斯摩弗洛斯節」, 是一個由婦女舉辦的慶祝並祭祀穀神狄密特 (Demeter) 的節日。狄密特是希臘神話中掌管農業、穀物、及母性之愛的女神, 亦是奧林匹斯十二主神之一。

108. Konohanasakuya-hime, 日本神話裡的火山女神, 也是花神和雅緻的塵世生活之象徵。

109. Lenape, 住在北美洲東北林地的原住民。

110. Boston Tea Party, 1773 年 5 月 10 日為了抗議茶稅法, 示威者銷毀了東印度公司運來的一整批茶葉, 將之傾倒於波士頓港。

111. Café du Monde, 位於美國路易斯安那州紐奧良法國區的凱特街, 成立於1862年, 是咖啡愛好者不會錯過的打卡景點。

112. Botswana, 非洲南部的一內陸國家。

113. Giovanni da Montecorvino, 1247-1328, 天主教方濟會傳教士, 他是中國天主教歷史上第一位主教。

114. 斯里蘭卡舊名。

115. Holy Trinity, 指聖父、聖子、和聖靈, 三者合為一體即上帝。

116. Yoruba, 西非超過 4500 萬人所使用的語言。它是約魯巴人的母語, 使用者遍及奈及利亞、獅子山、北迦納等。

117. Colt 原意是小馬駒, foot 是蹄, 直譯即「小馬駒的蹄」。

118. Tick 是跳蚤, 直譯即「跳蚤籽」, 因其種籽形狀像似跳蚤。

119. Prussia, 一個由德意志人建立的王國, 存在於 1701-1918 年間。

120. Queen Louise, 普魯士國王腓特烈威廉三世 (Frederick William III, 1770-1840) 的皇后。

121. Cowslip 的字面意思是牛糞, 此植物名直譯就是牛糞花。

122. Algonquin, 北美印地安人的一支部落。

123. Narragansett, 北美原住民, 最早居於羅德島。

124. Pennyweight, 英國重量單位, 約 1.55 公克。

125. 番紅花絲指的是番紅花雌蕊的柱頭, 而每一朵番紅花只有三個柱頭。一畝地的番紅花大約只能產出 1,500 到 2,000 克的番紅花絲, 號稱世界上最珍貴的香料。

126. 又稱客家菜包, 原本是祭祀用的傳統食物, 由於其獨特的香味與口感, 如今已成為一年四季都很受歡迎的客家小食。

127. Ribena, 老牌黑加侖汁 (亦即黑醋栗汁) 飲料, 由英國布里斯托大學科學家維儂‧查理 (Vernon Charley) 於 1933 年首次調製, 並於 1938 年作為品牌推出市面。

128. Oaxaca, 墨西哥南部瓦哈卡州的首府和最大城市。

129. Lewis Carroll (原名 Charles Lutwidge Dodgson), 英國作家、數學家、攝影家, 以兒童文學《愛麗絲夢遊仙境》聞名於世。

130. Marie-Antoinette, 法王路易十六的皇后, 因生活奢侈糜爛, 引爆民怨, 間接成了法國大革命的導火線, 最後被送上斷頭台。

131. 參閱註 95。

132. St. Bartholomew's Day massacre, 是法國天主教暴徒對國內新教徒胡格諾派的恐怖暴行, 開始於 1572 年 8 月 24 日, 並持續了幾個月。繼巴黎大屠殺後, 其他許多法國城鎮也發生類似屠殺事件, 由此又引發了一場曠日持久的宗教戰爭, 直到 1598 年才告停息。

133. Aquavit, 主要產於斯堪地那維亞地區的一種加味蒸餾酒, 酒精濃度一般為 40%, 其歷史可追溯至十五世紀。

134. Hattie McDaniel, 1893-1952, 美國女演員, 曾獲得奧斯卡最佳女配角獎。

135. Mo'Nique, 美國女演員, 憑《珍愛人生》(Precious) 一片獲得第 82 屆奧斯卡金像獎、第 63 屆英國電影學院獎、第 67 屆金球獎, 及第 16 屆美國演員工會獎最佳女配角獎。

136. Angostura bitter, 調雞尾酒用的原料之一。

137. Aperol Spritz, , 義大利著名的酒精飲料。

138. Moxie Soda, 美國著名碳酸飲料。

139. Henry Ford, 1863-1947, 美國汽車工程師與企業家，福特汽車公司的創辦人。

140. George Washington Carver, 1864-1943, 第一位進入愛荷華州立大學取得農業碩士的黑人，後來成為教育家、植物學家、農業科學家，他最知名的就是他針對花卉所做的研究。

141. The Great Famine, 指愛爾蘭大饑荒，發生在 1845 至 1852 年之間，據估約有一百萬人餓死。

142. Antoine Bret, 1717-1792, 法國十八世紀多產作家、劇作家。

143. Frederick Law Olmsted, 1822-1903, 中央公園的設計者，其他著名設計包括優勝美地、史丹福大學、國會山莊等，被譽為美國景觀設計之父。

144. Levittown, 萊維特父子所規畫打造的郊區城鎮，以規格化的房屋半成品快速組裝房屋，這種便利建築促成了美國城市化格局的重大轉變。

145. The Land of lotus-eaters, 該土地上的人以「蓮」（lotus）為食，這種植物使人滿足，吃過的人會失去歸鄉的渴望。

146. 參閱註 13。

147. Nicholas Culpeper, 1616-1654, 十七世紀著名植物學家、醫生、占星家；他用占星術與草藥，依循個別出生圖為病患進行診斷並做出相應治療。

148. Clootie, 蘇格蘭語，意即一條或一小塊布。

149. Helios, 駕駛日車的日神，每日駕著四馬金車由東到西在天空中奔馳。雖然在許多神話故事中，他與阿波羅被混為一體，但基本上阿波羅是太陽的象徵，稱為太陽神（The God of Sun），而海利歐斯是每日趕車晨出晚沒的日神（sun god）。

150. The First Sacred War, 595-585 BCE, 一場發生在德爾菲（Delphi）和基拉（Kirrha）兩個城邦之間的戰爭。

151. Chloroform, 音譯「哥羅芳」，曾作為麻醉劑被廣泛使用。

152. Druids, 參閱註 16。

153. Saturnalia, 古羅馬在年底為祭祀農神而舉行的盛大節日，一般在 12 月 17 日至 12 月 24 日之間召開，由羅馬皇帝親自主持。

154. Seahenge, 在英國諾福克（Norfolk）海灘發現的遺跡，其歷史可追溯至公元前 2,000 年。有些中文翻譯為水下巨石陣，但其實它是一圈樹樁，故此處譯為水下巨木陣。

155. Anne Frank, 1929-1945, 生於德國的荷蘭猶太人，《安妮日記》的作者，第二次世界大戰最著名的受害者之一。

156. Charlemagne, 742-814, 中世紀早期的一位法蘭克國王，英勇善戰統一了西歐大部分地區，800 年時被教宗加冕為「羅馬人的皇帝」，權力到達顛峰。圍繞查理曼及其麾下十二位聖戰士（paladins）所發展出來的傳奇故事，與英國的亞瑟王傳奇並列中古世紀兩大傳奇體系。

157. 有說是擲鐵餅（discus）的遊戲。

158. 根據描述，這位仰慕者即西風之神仄費洛斯（Zephyrus）。

159. Passover, 猶太教節日，紀念耶和華降臨十災，使法老釋放被迫害的猶太人離開埃及。

160. Elysian Fields, 希臘神話裡良善之人死後的去處，類似基督教的天堂。

161. Judea, 聖經裡的地名「猶太」，有時直接音譯為朱迪亞，古羅馬統治的行政區域，在今巴勒斯坦南部。

162. Spanish Flu, 於 1918 年 1 月至 1920 年 4 月間爆發的流感大流行，據估全球感染人數超過五億，死亡人數近五千萬，其造成的人員損失超過第一次世界大戰。

163. Tasmania, 簡稱塔州，是澳洲唯一的海島州，位於澳大利亞東南角約 240 公里的外海。

164. Homeopathy, 又稱同種療法、同類療法、或同質療法，是替代療法的一種，但被現代科學界認定是一種偽科學。

165. Edward Bach, 1886-1936, 巴哈花精發明人。

166. Rumi, 1203-1273, 伊斯蘭教蘇菲派神祕主義詩人、哲學家；其歷史地位與中國的李白、杜甫，西方的但丁、莎士比亞媲美，被譽為人類歷史上影響力最大的文人之一。

167. James Lind, 1716-1794, 英國皇家海軍外科醫生，英國衛生學創始人；他利用柑橘類水果和新鮮蔬菜來治療並預防壞血病。

168. Pint, 音譯「品脫」，英國容量單位，現在的官方定義是 568 毫升。

169. C. S. Lewis, 1898-1963, 英國知名作家、詩人；電影《納尼亞傳奇：獅子、女巫、魔衣櫥》便是他的作品所改編。

170. Walt Whitman, 1819-1892, 美國文壇最偉大的詩人之一，有「自由詩之父」的美譽，其代表作《草葉集》是台灣讀者耳熟能詳的詩集。

171. Christian Dior, 1905-1957, 法國著名設計師，迪奧品牌創始人。

172. Sandro Botticelli, 1445-1510, 生於義大利佛羅倫斯，是歐洲文藝復興時期的主要畫家之一。

173. King Tut, 公元前 1341-1323, 全名 Tutankhamun, 一般譯為圖坦卡蒙，是古埃及新王國時期第十八王朝的一位法老，享年僅十八歲，在位約十年。

174. Pompeii, 古羅馬城市之一，建於公元前 600 年，位於維蘇威火山腳下，公元 79 年因火山爆發，一夜之間被活埋於火山灰下，1599 年被發現，但直到 1748 年才開始挖掘。

175. Manzanilla, 西班牙文，洋甘菊的一種。

176. Juan Ponce de León, 1474-1521, 西班牙探險家，曾做過波多黎各總督。

177. Orkney Islands, 英國蘇格蘭東北部由約 70 座島嶼組成的群島，最南距蘇格蘭僅十英里，上有許多重要的考古寶藏。

178. 參閱註 36。

179. Rogation Days, 即祈禱節，指的是耶穌升天節（Ascension Day, 復活節後的第六個星期四）的前三天，是天主教祈求農作物豐收的節日。

180. Taytu Betul, 1851-1918, 衣索匹亞皇帝孟尼利克二世的皇后，對衣索匹亞的自由、宗教、民生等有重大貢獻。

181. Menelik II, 1844-1913, 終生致力於捍衛衣索匹亞的自由和獨立，積極推動國家的現代化和教育，是衣索匹亞歷史上最偉大的統治者之一。

182. Laplanders, 指住在北歐拉普蘭區（包括芬蘭、挪威、瑞典、和俄羅斯最北部地區）的居民。

183. Trota of Salerno, 生年不詳，十二世紀初或中葉的義大利女醫生，住在義大利南邊海岸的薩萊諾，其聲名遠播，連法國和英國都知道她的名聲。

184. Yoni steaming, 也稱做 vaginal steaming, 用藥草薰蒸陰道是近年在歐美國家蔚為風尚的美容療程，但許多醫生認為這種療程並不科學。

185. Fly agaric, 一種有毒蘑菇，紅色菇頭上帶有白色斑點，食用後會產生幻覺。

186. 參閱註 164。

187. Pythian Games, 古代希臘四大運動會之一，在德爾菲（Delphi, 太陽神阿波羅的神廟所在地），每四年舉行一次。

188. Nemean Games, 始於公元前 573 年，舉辦地尼米亞（Nemea）是給天神宙斯獻上祭物之地，此運動會便是為此而創立，每兩年舉行一次

189. Isthmian Games, 又名伊斯特米亞競技會，為崇敬海神波塞冬而舉辦的祭典兼運動會，每兩年舉行一次。

190. Hanukkah, 猶太教節日，在 12 月舉行，為期 8 天，也稱修殿節、獻殿節、燭光節、哈努卡節等。

191. 參見註 77。

192. Nirvana, 亦譯作涅槃樂團，成軍於 1987 年，共發行過三張專輯，最後一張即《母體》。1994 年因主唱柯本（Kurt Cobain）自殺，該樂團宣告解散。

193. Hindi, 印度的一種官方語言，常用於印度北部。

194. The Bower Manuscript, 是英國鮑爾上尉於 1889 年駐印度期間在中國龜茲一帶所發現的樺皮抄本，共 56 張葉片。

195. Remembrance Day, 訂於每年的 11 月 11 日，為紀念在兩次世界大戰及其他戰爭中的死難者而設立的紀念日。

196. Inca, 南美洲秘魯土著。

197. Antoine Augustin Parmentier, 1737-1813, 法國隨軍藥劑師、農學家、營養學家，他是真正讓馬鈴薯發揚光大的人。

198. 參閱註 71。

199. Osiris, 埃及神話中的冥王，是古埃及最重要的神祇之一。

200. Queen Anne of Britain, 1665-1714, 1702 年起成為英格蘭、蘇格蘭、和愛爾蘭三國女王。1707 年起，這三國正式合併為大不列顛王國。

201. 參閱註 110。

202. Bulat steel, 俄羅斯高加索地區的一種烏茲鋼。

203. Ralph Waldo Emerson, 1803-1882, 美國思想家、文學家。

204. Sephardic, 西班牙系猶太人，尤指十五世紀被驅逐前，祖籍伊比利半島的猶太人。

205. Thomas Wolsey, 1473-1530, 亨利八世登基為王後，沃爾西成為國王的專屬教士，後逐漸登上權力頂峰，權勢之盛被稱為英格蘭的「另一個王」。

206. Father Christian Rosencreuz (rose cross), 玫瑰十字會，一個據傳於 1484 年創建的神祕宗教組織，其傳統符號是十字架中間有一朵玫瑰花。

207. Cloud forest, 一種熱帶或亞熱帶的山地雨林，經常性或季節性地環繞著雲霧。

208. 做哇沙比（wasabi）用，這種植物因此也叫做壞血病草。

209. Pliny the Elder, 參閱註 95。

210. Shawnee, 原來住在俄亥俄河谷的美洲原住民。

211. Nickert, 德國有許多偷換小孩的民間故事，也就是偷走別人剛生下的漂亮正常的孩子，卻將自己生的醜陋或低能的孩子留下。尼克特的故事促使許多父母給新生兒儘快受洗。

212. Nicholas Culpeper, 參閱註 147。

213. The Star of David, 又稱大衛星、六芒星、猶太星等，是猶太教和猶太文化的標誌。

214. Ashkenazi Jews, 中古世紀住在德國萊茵蘭一帶、後移居中歐的猶太人。

215. John Locke, 1632-1704, 英國哲學家，亦是最具影響力的啟蒙哲學家之一，被稱為自由主義之父。

216. Saxony, 最早是神聖羅馬帝國的一個侯國，後來在拿破崙支持下成為了一個獨立王國，國祚由 1806-1918, 歷任七個國王；1871 年起它成為德國的一部分，現在是德國的薩克森自由邦。

217. Ojibwe, 加拿大南部及美國中西部以北的原住民。

218. Saba, 阿拉伯南部的一個古國，今稱葉門。

219. Suleiman the Magnificent, 1494-1566, 鄂圖曼帝國第十位蘇丹，亦是在位時間最長的蘇丹，在西方有「蘇萊曼大帝」之稱。

220. Tulipomania, 1637 年發生在荷蘭的鬱金香狂熱是世界上最早的泡沫經濟事件，荷蘭各大都市曾因此陷入混亂。

221. Florin, 1252-1533 年間由佛羅倫斯共和國（中世紀位於今義大利托斯卡納區的一個城邦）所鑄造使用的一種錢幣。

222. "Tears of Isis"，伊西斯是古埃及人所信仰的一位女神。她被奉為理想的母親和妻子，也是自然界和魔法界的守護神。

223. "Hera's Tear"，西拉是希臘神話裡的天后，天神宙斯的妻子。

224. Scythian, 公元前 8 世紀至 3 世紀生活於中亞和南俄草原上的游牧民族；他們也被稱為古西伯利亞的勇士，與希臘人、亞述人、波斯人的戰爭曾被載入史冊，但文化卻未留下任何遺跡。

225. Anacharsis, 據傳他在 6 世紀初離開家鄉沿著黑海北岸遊歷至雅典，對希臘的法律、風俗有許多敏銳尖刻的觀察和評論。惜未有任何著作流傳下來。

226. 紫羅蘭學名為 Matthiola incana，通稱為 stock（可參考第 217 頁），violet 則為菫菜屬的通稱，但在中文中亦常翻譯為紫羅蘭，因此兩者極易混淆。比如，用於製作「紫羅蘭香水」的「紫羅蘭」實際上是香菫菜。此處參照中文常見用法，亦翻譯為紫羅蘭。

227. Nefertum, 古埃及神話中的香水之神，名字意思即「睡蓮」，象徵香味和美麗，其圖象是一個頭上頂著一朵睡蓮的男子。

228. Sumeria, 位於美索不達米亞的南部，是全世界最早產生的文明體系之一，可追溯至公元前 4,500 年。

229. Clay tablet, 蘇美人被認為發明了世界上最早的文字，他們用泥板作為書寫工具，出土後稱為「泥板文獻」。

230. Charles Frédéric Gerhardt, 1816-1856。

231. Robert Fortune, 1812-1880, 蘇格蘭植物學家，也是史上最大的商業間諜，受英國東印度公司的派遣潛入中國竊取茶產業的秘密，今人稱他「茶盜」或「盜茶者」。

232. 據稱他精通中文，還剃了頭，戴假辮子。

233. 請參閱榛樹（hazel）。

234. Tassili-n-Ajjer, 位於阿爾及利亞和利比亞交界處的一處高原，是聯合國教科文組織評定的世界遺產，以其史前岩洞藝術群聞名。

235. Achilles, 希臘神話中的英雄，他在特洛伊之戰中腳跟中箭而亡，後人便將 "Achilles' heel"（阿基里斯的腳跟）引申為一個人的致命傷或致命的弱點。

索引

國家圖書館出版品預行編目(CIP)資料

花語圖鑑辭典：透過 600 多種花卉傳遞愛情、欲望和真摯的讚美與歉
意／凱倫・阿祖萊（Karen Azoulay）著；吳湘湄譯 . -- 初版 . -- 臺中市：
晨星出版有限公司，2024.04
　　面；　公分 . --（勁草生活；540）
譯自：Flowers and Their Meanings：The Secret Language and History of
　　Over 600 Blooms
ISBN 978-626-320-777-6（平裝）
1.CST：花卉　2.CST：辭典
435.404　　　　　　　　　　　　　　　　　　　　　113001153

歡迎掃描 QR CODE
填線上回函！

勁草生活 540	花語圖鑑辭典： 透過 600 多種花卉傳遞愛情、欲望和真摯的讚美與歉意 Flowers and Their Meanings:The Secret Language and History of Over 600 Blooms
作者	凱倫・阿祖萊（Karen Azoulay）
譯者	吳湘湄
編輯	許宸碩、王永輝
校對	許宸碩、王永輝
封面設計	張蘊方
內頁編排	張蘊方
創辦人 發行所	陳銘民 晨星出版有限公司 407 台中市西屯區工業 30 路 1 號 1 樓 TEL：04-23595820　FAX：04-23550581 E-mail：service-taipei@morningstar.com.tw https://star.morningstar.com.tw 行政院新聞局局版台業字第 2500 號
法律顧問 初版	陳思成律師 西元 2024 年 04 月 15 日（初版 1 刷）
讀者服務專線 讀者傳真專線 讀者專用信箱 網路書店 郵政劃撥	TEL：02-23672044 ／ 04-23595819#212 FAX：02-23635741 ／ 04-23595493 service@morningstar.com.tw https://www.morningstar.com.tw 15060393（知己圖書股分有限公司）
印刷	上好印刷股分有限公司

定價 490 元

ISBN 978-626-320-777-6